經營顧問叢書 ㊈㊅

U0034631

如何診斷企業財務狀況

李得財　許中信　編著

憲業企管顧問有限公司　　發行

《如何診斷企業財務狀況》

序　言

　　企業進入激烈的市場競爭環境中，面臨更多的挑戰！財務危機是任何企業都不願意面臨的，但財務危機都有一個從逐步顯現到不斷惡化的過程，所以防微杜漸，就是企業要遵循的應對法則，對企業的財務狀況隨時進行跟蹤和預警，及早地發現財務危機信號，預測企業可能的財務風險。一旦發現某種異常徵兆，就應著手應變，以減少破壞程度。

　　西方企業非常重視企業診斷，他們並非「有問題才找企業醫生」治療，而是為保證企業能健康持續發展，在平時就聘請專家顧問，針對企業經營發展中的問題，用科學的方法進行分析研究，提出改進方案，並實施有效治理。只有保持危機意識，及早發現問題，改善問題，企業才能長治久安。

管理學上有一個著名的「青蛙理論」：如果把一隻青蛙扔進沸水中，青蛙會馬上跳出來。但是如果把一隻青蛙放入涼水中而逐漸加熱，青蛙會在不知不覺中失去跳出的能力，直至被熱水燙死，這就是問題管理中的「青蛙理論」。

在經營中，企業常會出現各式各樣的風險與危機，如果你忽視它，不及早加以應對與改善，即使是被人們奉為典範的國際著名企業，也同樣會不堪一擊。

良好的財務管理，並非是等到問題出現後再加以解決，更高明的管理，是實施例外管理，平時就對企業加以診斷、檢討，事先就防範可能的缺失與舞弊，而不是坐等問題惡化。

本書《如何診斷企業財務狀況》是針對企業的財務管理層面加以實務診斷分析，指出企業財務問題點，由財務顧問指出具體診斷方法，並提出有效的改善對策。

這本《如何診斷企業財務狀況》特別適合部門主管、財務主管和企業經營者們閱讀。

2014 年 1 月

《如何診斷企業財務狀況》

目　錄

企業財務診斷的流程

　　企業財務診斷的流程，是指這一活動的實施過程和步驟，它表現了財務診斷的工作規律。按照流程進行財務診斷，能使複雜、多頭緒的診斷工作有條不紊，忙而不亂，從而提高財務診斷的工作效率。

　　企業財務診斷的全過程可以分為四大階段，分別是：準備階段、實施階段、報告和建議階段以及治理階段。

一、第一階段：準備階段

　　準備階段是財務診斷正式開始前的階段，這一階段要做的是財務診斷的預備性工作。準備階段的工作分為下面幾個步驟：

1. 業務接洽

　　企業在財務管理方面發生了這樣或那樣的問題，就有必要請財務診斷專家進行「診治」以找出「病因」，然後提出治理方案，以改進管理。有財務診斷需要的企業（以下稱為「受診企業」），應主動與財務診斷機構接洽，表達接受診斷的意願。

　　財務診斷人員對前來接洽的受診企業，要著重做好兩項工作：

(1)瞭解企業情況，弄清診斷意圖

財務診斷人員與受診企業第一次接觸，要詢問瞭解企業的情況，確實弄清企業的意圖。要瞭解的企業情況主要是其自然情況，如企業的名稱和所在地點、經營範圍、組織形式、經營規模、財務狀態等等。瞭解受診企業自然情況的目的，在於對企業的當前狀況有初步的認識。弄清受診企業的意圖，是指弄清楚企業為什麼要做財務診斷，或希望財務診斷人員幫助其解決什麼問題。財務診斷人員對受診企業意圖的把握是十分重要的。如果沒有弄清企業到底要幹什麼，或錯誤地理解了企業的意圖，很容易使雙方產生誤會，就會給後續工作帶來不必要的麻煩。

(2)向企業做自我介紹

財務診斷人員除了要瞭解受診企業情況外，還應當向企業做自我介紹。一般來說，主動找財務診斷機構接洽的企業，會對財務診斷機構有所瞭解，但財務診斷人員仍然有必要做充分的自我介紹，以使受診企業更全面地認識、瞭解自己。財務診斷人員的自我介紹主要有：本機構的業務範圍和專長；發展歷史；做過那些與企業意願接近的業務，效果如何；接受業務的一般原則；接受業務的手續；需要企業提供的配合；財務診斷的收費標準等等。

需要說明的是，儘管企業先要具有接受財務診斷的願望，才會與財務診斷人員進行業務接洽，但並不意味著初次接洽一定要由受診企業到財務診斷機構的所在地登門拜訪；也可以由財務診斷人員應受診企業之約，到其所在地商談。

在向受診企業做了初步瞭解和自我介紹後，如果雙方認為有可能就本財務診斷事項合作，便可以約定由財務診斷人員對企業做進一步的調查研究，即下文的「立項調查」。財務診斷人員只有在調

查研究之後，才能決定是否接收本項診斷業務。對受診企業進一步調查研究的約定可以是書面的，也可以是口頭的。無論怎樣的形式，約定中都應明確下列事項：

①調查研究的內容和形式，應具體說明將要調查受診企業那些方面的情況，將採取何種方式進行調查（如查閱書面資料、到企業實地調查等）；

②要求受診企業進一步提供那些資料和說明那些情況，如要求企業提供經營的資料、組織狀況的資料、財務數據等等；

③受診企業在何時提供上述資料和安排實地調查；

④財務診斷人員對受診企業所提供書面資料的使用、退還和保密責任，以及對實地調查所瞭解到情況的保密責任。

2. 立項調查

所謂立項調查，是財務診斷機構對是否接受某項業務（該項業務是否立項）的事前摸底調查。財務診斷人員是否接受某項業務，不能僅憑一次業務接洽，還要摸清與診斷項目有關的大體情況，然後才能做出接受與否的決策。

立項調查的工作包括三項：

(1) 搜集資料

財務診斷人員在立項調查階段，應搜集與診斷業務有關的各種資料。搜集的資料分為兩類：

①受診企業的內部資料。本階段要搜集的受診企業資料，應較初次接洽時的口頭詢問更細緻，主要包括：企業的主營和兼營業務；主要股東；關係公司；經營方針和戰略；從業人員；技術條件；市場佔有率；財務狀況；贏利水準；發展前景等等。

②受診企業的外部資料。受診企業的外部資料，指的是受診企

業的市場和環境資料，如受診企業所經營產品的市場狀況和今後發展；受診企業所在行業的現狀及發展趨勢；對受診企業所在行業的宏觀發展政策和規劃等等。

總之，凡與企業診斷意圖有關的各類資料，應儘量搜集齊全。

(2)現場觀察

現場觀察就是到受診企業實地目睹情況。現場觀察可以看到受診企業的實際運作狀況，進一步增加對企業的認識。

立項調查階段的現場觀察，目的在於對受診企業有所感性認識，簡單驗證前述搜集到的企業內部資料。立項調查階段的現場觀察過程並不複雜，一般要做的是：觀察企業經營狀況，瞭解企業的經營過程，如工作流程、工作環境、員工工作狀態等；就所看到的情況，與現場員工簡單交談，等等。

現場觀察過程中還有可能就重點關心的問題，與企業有關人員做較正規的面談。

現場觀察前，應向受診企業講清希望瞭解的情況，請企業提前作出安排。如果需要與有關人員面談，面談的時間不宜過長，同時應避免對方對診斷期望過大或產生其他誤解。

現場觀察是一種調查瞭解情況的基本方法，不僅運用於準備階段的立項調查，還廣泛地運用於其他多種場合。

(3)情況分析

在仔細閱讀資料和現場調查的基礎上，財務診斷人員要對所掌握的情況進行分析。分析的目的有二：其一，判斷企業目前的狀態和所存在問題的可能的癥結，以明確診斷的難度和路徑；其二，判斷有無接受該項診斷業務的能力，包括是否具備相應的技術能力、人員是否充沛等，以確定下一步如何與企業談判。

如果經分析認為受診企業目前的狀況非常差，問題極其嚴重，難以在現有條件下有所改善；或雖有可能改善，但難度太大，本財務診斷機構無能力承擔，應謝絕企業的診斷申請，並誠懇地向企業說明情況，不能不顧客觀條件，勉強接受力所不及的業務。

如果分析認為受診企業有改善經營，提高效益的可能，且本財務診斷機構具有幫助企業的能力，便可就診斷的條件、時間等與企業作進一步協商。

3. 簽訂診斷合約

財務診斷機構決定診斷業務後，要與企業正式簽訂診斷合約。診斷合約是雙方關於診斷事項的具有法律效力的約定。診斷合約中應約定的事項主要有：診斷的項目與目的、診斷的期間、診斷的費用、診斷雙方的責任與權利，等等。

二、第二階段：實施階段

簽訂診斷合約後，財務診斷人員就要對企業進行診斷，進入實施階段。這一階段要對診斷事項有關情況進行全面調查和研究論證，並得出診斷結果。實施階段的工作主要分為如下幾步：

1. 編制診斷計劃

接受診斷後，財務診斷人員先要對如何開展診斷作出計劃。診斷計劃應就下列事項作出安排：

⑴診斷人員。若診斷規模很小、診斷內容較簡單，一兩名診斷人員即可勝任；若診斷規模較大、診斷內容複雜，則要由若干診斷人員組成診斷小組，合作完成診斷業務。診斷小組的人數和人員需根據診斷的規模、複雜性、所涉及的領域、診斷人員的能力等因素

決定。

(2)診斷進度。要保證在合約約定的時間內完成診斷業務，必須制定每一項工作的時間進度，規定各項工作何時開始，何時完成。

診斷進度的另一個作用是合理調配診斷人員。由於各項診斷工作並非同時開展，有可能根據診斷進度安排各類診斷人員在適當的時候介入業務，而不一定同時佔用所有人員。合理地調配診斷人員，能夠提高診斷工作的效率。

(3)診斷方法。在診斷計劃中，有必要初步確定將要採取的診斷方法，以便事前做好準備和要求企業給予配合。

例如，若準備採取座談的方法暸解企業情況，就需要企業安排時間和參加的人員。診斷計劃確定之後，應與企業交流意見，徵得企業的同意。如企業對診斷計劃提出異議，應與企業共同協商修改。財務診斷人員應注意，不可單方面決定診斷行動，以免得不到企業的配合，甚至引起企業的誤會或反感。

2. 調研論證

診斷計劃確定後，即可按照計劃開展調研論證。這一階段的調研論證是準備階段立項調查的繼續，但更為深入、細緻、全面，診斷人員將根據調研論證的結果得出診斷結論。

調研論證階段的工作分為兩部份內容：調查和研究論證。

調查仍然是圍繞診斷事項進行，其方式多種多樣，如查閱資料、召開座談會、個別談話、現場觀察、分發調查問卷、函證詢問、走訪專家，等等。

研究論證即對調查得來的情況進行由表及裏、由此及彼、去粗取精、去偽存真的分析。調查得來的種種資料和數據是現象，要把握導致這些現象產生的原因和預測其發展趨勢，就要對這些資料、

數據進行研究論證。

為了控制工作的質量和進度，必須在調研論證的過程中隨時根據診斷計劃，檢查每名診斷人員的工作是否符合下列要求：①調查符合診斷目的；②調查突出重點；③調查的問題點明確；④調查的方法適當、有效；⑤調查資料具體而詳細。

在調研論證的過程中，經常會遇到一些診斷計劃中始料不及的情況，如為搜集複雜的數據、資料而拖延時間；為採用特殊分析技術而另聘專家；因缺乏關鍵數據、資料致使調查擱淺，等等。遇到這種情況，就應適時調整修改原診斷計劃。也就是說，診斷計劃並非一經制定便一成不變，而經常需根據實際執行情況予以調整。

調研論證一般由若干診斷人員分頭進行，這些人員應當在調研論證過程中經常相互交流資訊，交換意見，而不應等待調研論證結束才一起討論。因為，儘管每個人的調查內容不同，但每項調查內容表現的都只是同一個企業的某個側面，因此其間必然有著內在的聯繫；經常交換意見（包括與企業人士交換意見），有利於及時校正調研論證中的偏差，提高調研論證的效率。

調研論證接近尾聲時，已經調查取得了充分的資料，全體診斷人員要舉行「會診」，集體討論調查得來的資料，得出診斷結論，並為編寫診斷報告書整理思路。還需要特別指出的是，最後的集體討論應將所取得的企業所有內部、外部調查資料準備齊全，以完整的資料為依據進行全面分析，作出綜合判斷，絕不可僅憑單方面的資料，簡單、武斷地下結論。

三、第三階段：報告和建議階段

報告和建議階段所做的是財務診斷的集成工作，即將上一階段的工作予以總結和表達。這一階段主要有兩項工作：編寫診斷報告書、報告診斷結果。

1. 編寫診斷報告書

診斷報告書是財務診斷的總結性文件，要說明財務診斷的過程、結論，還要提出改進建議。診斷報告書是在診斷人員以調查資料為依據，集思廣益，研究討論的基礎上形成的。

2. 報告診斷結果

財務診斷是一項複雜的工作，其過程與結果往往不是僅憑書面文字就可表達清楚的，如果向受診企業遞交書面診斷報告的同時，與企業人士做面對面的交流，就診斷報告的有關問題，當面向對方作出說明並回答對方的質疑，會將診斷的情況表達得更清楚，使企業對診斷結論有更透徹的瞭解，從而提高診斷的效果。所以，財務診斷機構在報告和建議階段要做的另一項工作就是向受診企業報告診斷結果。

向受診企業報告診斷結果，經常採用報告會的形式。在報告會之前，應先向企業有關人員發放診斷報告，以便大家事前有所準備，使報告會更為順利。

在診斷過程中，財務診斷人員是不應當參與企業的人事關係的，在診斷報告中同樣如此。如：不應在報告中指責企業的某某人不宜承擔某項工作；或建議企業如何安排某某人的崗位，等等。如果在診斷中感到企業某崗位的工作不得力，只應指出該方面工作的

缺陷和提出改進工作的建議，不宜涉及崗位的人事安排。

四、第四階段：治理階段

　　向受診企業報告診斷結果之後，若企業沒有異議或其他要求，財務診斷即告結束。如果企業需要診斷人員就改進建議進行指導幫助，則需另定協定，從而轉入對受診企業的治理階段。

　　對受診企業的治理與診斷是兩個不同的過程：診斷是發現問題和得出結論的過程，治理是提高、改進的過程；它們的工作性質和內容有很大區別。受診企業首先會要求財務診斷人員對其進行診斷，看看存在那些問題，應當如何改進；然後才談得上對所存在問題進行治理。企業只有在充分肯定財務診斷人員前一過程工作，並需要財務診斷人員進一步的幫助時，才會提出實施下一過程的要求。因此，治理和診斷是分開安排的，要分別簽訂兩個合約。

　　因為財務診斷人員在診斷報告中已經提出了改進建議，所以治理無非是對改進建議的落實。在治理階段，財務診斷人員要做的工作經常有這樣幾項：

1. 細化改進建議

　　在診斷報告中對企業提出的改進建議，經常是粗線條的，不夠具體，也沒有實施的佈置和安排，治理階段必須將這些粗線條的改進建議加以細化，使之成為可操作的具體方案。例如，財務診斷人員在診斷中發現企業缺乏對外投資的事前集體討論和論證，就會在診斷報告中簡單提出建立該項的建議，實施治理的時候，就要將這一建議具體化，設計出對外投資事前集體討論和論證制度的條款，包括討論和論證的時機、參加人員、提交的資料、結果報告、批准

流程、追蹤檢查,等等。

2.指導治理方案的實施

治理方案實施指導,指的是指導企業人員如何對治理方案進行操作。如財務診斷人員在設計出了對外投資事前集體討論和論證制度後,要向企業有關人員講解這一制度,講清楚該制度的精神、原則、方法、實施的前提要求、注意避免的問題,等等,甚至有必要組織若干次對外投資的討論和論證活動,為企業做出示範。在治理階段,財務診斷人員往往要在一段時間內跟隨企業人員一同執行制度,邊執行邊對企業進行指導。

如果企業不具備實施改進的能力,財務診斷人員還要負責培訓有關人員。如企業從未進行過對外投資的事前集體討論和論證,不知道應如何論證投資的效果,財務診斷人員就要為企業詳細講授投資分析的基本方法,教會他們可以從那些方面、掌握那些資料,並運用那些方法進行投資論證。

財務診斷人員對治理方案的指導,如同企業購入一套新設備,設備的提供方有責任指導企業正確使用設備,以使其發揮使用效果。

3.治理效果回訪

在治理方案實施一段時間之後,財務診斷人員應就方案的實施效果進行回訪。回訪的目的,一是通過瞭解方案能否達到預期效果,存在那些不足,需要做那些改進,從而進一步完善方案,使企業真正收到效益;二是通過回訪表明財務診斷人員對診斷和治理的責任,樹立企業對財務診斷人員的信任,這非常有利於今後診斷業務的推廣。

以上講述的財務診斷流程,是診斷的一般性過程。實際財務診

斷的情況千差萬別，執行中很可能要對上述流程作出修正，增加或減少某些內容，甚至顛倒某幾項流程；財務診斷人員應當根據不同企業的具體情況，決定如何安排自己的工作。

2

企業財務診斷的內容與方法

一、財務診斷內容

　　企業財務弊病的產生與企業銷售、生產、購進、貯存中是否發生弊病密切相關。因為財務管理的對象是資金，資金是企業財產、物資和應收債權等的價值表現。企業銷、產、供、貯中的各種弊病的發生，必然影響企業的資金運動，這必然引起財務弊病產生。同樣財務所管理的資金一旦發生弊病，也必然影響銷、產、供的正常運行。除此之外，財務弊病產生還與資金籌措、資金投放，收入與支出，成本與費用，權益與分配，以及資本積累等方面也有密切聯繫。所以，財務診斷檢查應著重以下內容：

　　1.企業各種類型資產的實有狀況及其運用情況；

　　2.各種負債的實有狀況及其需要償還狀況；

　　3.實收資本、資本公積、盈餘公積和未分配利潤的實際數及其構成；

4. 企業盈利或虧損的形成，利潤的分配情況；

5. 企業的收入和成本、費用情況，它們之間構成情況；

6. 財務預算、標準成本、財務控制的制定與完成情況；

7. 投資計劃的制定與實施情況；

8. 重大財務決策及實施的情況；

9. 會計賬簿和會計帳戶設置、會計制度與會計政策的運用、會計報告編制與會計憑證保管情況；

10. 各種資產的報廢損失情況等。

二、財務診斷需要的資料

財務診斷需要的資料，主要有：

1. 本期和近兩年的財務會計報告及其附註，包括附表及審計報告，以及各種資產、負債、成本、費用明細表；

2. 本期和近兩年的會計賬簿和會計憑證，現金日記賬和銀行存款日記賬，銀行對帳本，調節表、備查登記簿等；

3. 本期和近兩年的財務預算、財務分析、成本費用分析以及預算執行控制情況；

4. 與財務有關各種合約及其執行情況；

5. 財務制度、會計制度及各種與財務有關的制度及規定；

6. 企業內部財務控制制度。

三、財務診斷的重點與指標

1. 財務診斷重點

財務診斷的主要目的是查找危害企業生存與發展的主要弊病，以便為追蹤檢查和有效治理提供線索和依據。財務診斷的重點有以下幾方面：

⑴在資產佔用方面：重點檢查現金、銀行存款、應收款項、應收票據、存貨、固定資產、長期投資、遞延資產的實有情況，資產減值準備計提情況及潛在損失，各種資產變動及其構成情況；

⑵在負債方面：重點檢查各種借款、應付債券、長期應付款的實有狀況和償還能力狀況，或有負債的風險狀況；

⑶在經營成果方面：企業盈利或虧損的形成及主要原因，利潤分配情況；

⑷在資產運行方面：各種資產的運行是否正常，使用上是否有效率及效益。

2. 財務診斷指標

診斷財務弊病主要從反映企業財務狀況好壞以及影響企業生存與發展的幾個主要財務指標進行。這些主要財務指標有：

(1) 利潤率

主要有資本金利潤率和銷售利潤率。資本金利潤率即投資收益率，銷售利潤率即經營利潤率，這兩個指標是從投資和經營兩個不同角度反映投資效益與經營效益的情況。前者為投資者所用，後者為經營者所用，這兩個指標，都是正指標。利潤率越高越好。反之，盈利水準越低，表明狀況不佳，如果出現虧損率，且虧損率越大表

明淨資產流失越嚴重,如不及時採取措施,扭轉虧損局面,就必然危及企業生存。也無健康而言。

(2) 資金週轉率

它可用資金週轉次數和天數兩種指標分析。資金週轉速度越快,週轉天數就越少,表明資金運用和經營狀況良好;反之,週轉速度越慢,週轉一次所用天數越多,表明資金運用和經營狀況兩個方面都有嚴重問題存在,資金週轉率還可分別用存貨週轉率、應收賬款週轉率、應收票據週轉率等,進行不同方面的分析,並與上期及近幾年的情況進行比較,分析診斷企業資金週轉及運用方面存在弊病。

(3) 資產負債率

它是企業債務狀況及償債能力的總體指標。資產負債率越低,表明企業負債不多,償債能力強,財務狀況良好;資產負債率越高,表明企業舉債嚴重,償債能力差,財務狀況不好,如果資產負債率越過 100%,表明企業已資不抵債,淨資產流失殆盡,企業已無法繼續生存下去。

資產負債率,還可以用流動資產負債率(流動比率),速動資產負債率(速動比率)等指標進行分析檢查其流動負債的償債能力。

(4) 資產結構

資產結構是指各類資產佔全部資產的比重。其中貨幣資金佔全部資產比重較大,則表明企業用於資金週轉的貨幣資金較多,財力較強;反之,表明能用於資金週轉的貨幣資金較少,企業資金週轉就會出現困難。

(5) 資金成本率與投資收益率比較分析

投資收益率高於資金成本率越多,表明舉債經營效益越好;反

之，投資收益率低於資金成本率或低於資金成本率很多，表明舉債經營效益不好，所借入資金不能創造效益而且還失去本金，這類企業難以繼續經營下去。

⑹ 票 據 貼 現 額

應收票據貼現要支付貼現利息。它會給企業帶來兩種不利影響。一是貼現額越多，支付貼現利息越多，減少盈利越多；二是貼現利息實質上是把應由客戶負擔的利息轉為企業負擔。如票據到期一旦發生退票，銀行要向企業收回貼現款，使企業的貨幣資金減少，很容易陷入困境。所以，票據貼現越多，表明企業資金緊張，短缺資金現象嚴重，財務風險也越大。

⑺ 壞 賬 損 失 率

壞賬損失率是壞賬損失額佔應收賬款的比率，損失率越高，損失也越大。

四、診斷財務弊病應用的標準值

診斷企業是否健康要通過一系列財務指標，各項財務指標應有一個健康標準值，才能將測算實際值與之對比，從而判斷企業是否健康。

診斷企業在財務方面是否健康的標準有兩種：一種是財政部統計評價司按年統計發佈的「企業效績評價標準值」。它是運用數理統計方法將全國企業、分行業、分大、中、小類型進行統計，然後計算出優秀值、良好值、平均值、較低值和較差值。這是一個同行業的社會標準。企業計算出有關指標後，與之相比即可瞭解本企業在全行業中處於何種水準，從而判斷企業有無弊病。另一種是企業

根據自己特點及以往具體情況而制定標準(或目標)。

　　企業財務指標的標準值,有資本金利潤率、銷售利潤率、資金週轉率、資產負債率、流動比率、速動比率、資產結構、標準成本率、標準費用率等。

　　企業標準值的確定,要根據企業的具體情況而定,不能千篇一律。在制定企業標準時,應考慮下列各種因素及要求。

　　(1)企業財力的大小,它取決於企業資本金多少。

　　(2)企業經營規模大小及行業性質,以及對資金需要。

　　(3)企業經營戰略目標、利潤目標及要求。

　　(4)資金市場利率和資金成本,企業生產成本和「三項費用」。

　　(5)各種投資風險和企業經營風險的大小。

　　(6)企業生產經營的獲利能力和獲利水準。

　　在對上述各種因素和要求進行分析研究後,並在量、本、利分析和風險分析的基礎上測算出有關財務指標的標準值,作為診斷分析判斷的依據。

1. 資本金利潤率企業標準值的制定

　　資本金利潤率即投資收益率,應在確定資金成本的基礎上進行測算確定。資本金利潤的企業標準值,通常應高於資金成本的 100%～150%的區間範圍內。因為一項投資若舉債經營,除去支付資金成本外,還要充分估計各種投資風險和經營風險帶來的損失,以及可能發生的潛在費用及損失。資本金利潤率標準值在高於資金成本100%～150%的區間範圍內,就有可能承受住各種風險和經營風險的損失和潛在費用,既能獲得一定的收益,又能避免發生嚴重虧損的局面,從而增強企業舉債經營的安全性。

2. 資金週轉率企業標準值的制定

資金週轉率一般都是用流動資金週轉次數或週轉一次所需天數來表示,企業標準值的確定,一般是根據企業經營規模的資金需要量、生產週期、生產批量和資本金利潤率的標準值要求,經過分析測算後確定的,如企業產品生產週期長、生產批量大,則佔用流動資金就多,資金週轉就慢;相反,需要資金量就少,資金週轉就快。因此,應在測算確定材料儲備期、產品生產週期、產品儲存期、貨款結算期和銷售額的基礎上,再確定流動資金週轉率,一般企業,流動資金正常週轉次數每年為 12 次。即每月一次。當然它與企業所處行業有密切聯繫。

3. 資產負債率企業標準值的制定

資產負債率的標準值,通常是根據企業資金週轉情況和實際償債能力來測定的。一般其標準在 20%～30%區間範圍較為適宜。如超過 30%,企業壓力就會增大,償債能力就會減弱。超過標準值越大,企業償債能力越差,財務風險越高。如果資產負債率高於100%,企業就已經陷入資不抵債的困境。再者企業資產的帳面價值,並不等於資產的實際價值。如果用資產變現去償還債務,還要發生一部份損失。如存貨和固定資產其帳面價值包括一部份殘次、呆滯、不需用、技術落後不適用等在內,使實際價值大大低於帳面價值。還有企業的待攤費用、遞延資產、無形資產等作實體資產,不能作為償還債務使用。應收賬款有些也難以如數收回。所以,企業的資產負債率標準值不易定得偏高,一般不定在 20%～30%之間較為穩妥。

上述三種企業標準值的測定方法,不是固定不變的,各企業可根據自己的具體情況,以往實踐來確定其水準。

3

企業財務診斷的資訊來源

　　企業財務診斷所使用的方法很多，其中一部份是專業評價的方法，另一部份是一般診斷通用的方法。

　　一般診斷通用的方法，包括各種調查的方法、分析問題的方法、解決問題的方法，不僅可以運用於財務診斷，還可以運用於其他各種諮詢診斷，具有普遍的通用性。

　　調查的目的在於掌握情況，只有充分掌握了真實情況，才有可能發現問題和解決問題。財務診斷中經常需要做調查，上述「企業財務診斷的流程」中所談到的「準備階段」的「立項調查」、「實施階段」的「調研論證」，都要做大量的調查工作。其實，即使沒有接受診斷業務，財務診斷人員也要在平時隨時注意搜集與自己專業有關的各種資料。可以說，調查是財務診斷過程中的一項基礎性、經常性的工作，不能忽略。

一、現有資料的搜集

　　財務診斷所需要的資料，大體可以分為兩類：由他人提供的現有資料和診斷人員親歷的資料。

　　現有資料是由財務診斷人員以外的其他人士已經整理好的、現

成的資料，這些人士可能是受診企業，也可能是行業協會、統計機構、市場管理機構、專業資訊資料機構、專業學術團體，等等。現有資料既有反映歷史情況的，如受診企業的各種文件和報告、上市公司財務報告；也有預測將來的，如市場發展預測、股票未來走勢分析。對現有資料的搜集，關鍵在於知道其來源有那些，從那裏可以找到這些資料。財務診斷人員可以從下列來源，查閱搜集現有資料：

1. 受診企業文件

受診企業有著與診斷事項有關的豐富文件資料，它們表現了企業的經營現況和發展，是財務診斷重要的資訊來源。一般來講，從受診企業獲取的資料至少應當包括：企業概況資料，如組織結構、職工構成、設備狀況、銷售狀況、供應狀況、規章制度，等等；財務數據，如財務報告、財務分析數據、成本數據，等等；其他文件資料，如與診斷事項有關的重要決議、規劃、方案，等等。

2. 年鑑

年鑑是彙集截至出版年為止（著重最近一年）的各方面或某一方面情況、統計的資料性參考書。年鑑分為多種，如：綜合年鑑、經濟年鑑、工業年鑑、市場年鑑及其它各類專業年鑑。年鑑是作為可以查詢的公開信息中最為常用的一種，具有較高的權威性。現有的年鑑大部份由政府機關或非政府權威組織主辦，授權專門機構出版。其次，年鑑的信息量大，其內容涉及的範圍包括各個領域（經濟、政治、文化、科技等）和各個層次。再有，年鑑是連續出版的讀物，所提供的資訊具有較好的完整性和連貫性。但是，年鑑一般要到第二年的下半年才能出版，所以這一資料來源的最大缺欠在於時間滯後。

3.行業協會報告

行業協會是某一行業內企業自助的組織，承擔著為企業服務的任務。行業協會一方面向政府反映企業的利益與要求，影響政府的決策；另一方面將政府的政策傳遞給企業，告訴企業如何理解和執行政府的政策。同時，行業協會還組織企業間的資訊交流、各種合作和對外溝通，以幫助企業發展。行業協會定期發佈關於本行業乃至相關行業的技術、經濟發展狀況報告、發展趨勢預測和其他有關資料，供行業內企業和社會各界人士參考。財務診斷人員既可以利用行業協會報告的資料，也可以通過行業協會找到有關專家進行交流，他們會為診斷提供寶貴的意見。

4.上市公司報告

上市公司是各行業中有代表性的一部份企業，它們的情況對其他企業有著重要的參考價值。上市公司的資訊是公開的，在它們的各種定期公告和臨時公告中，披露了公司大量的基本情況、財務數據、業務資料和重大事項資料，這些資料可以用作財務診斷的對比和借鑑。

5.專業刊物

大多數行業擁有本行業的專業刊物，有的是公開發表的，有的是內部的。這些專業刊物經常發表行業內的綜合報導、動態分析、技術發展趨勢、主要產品銷售與價格變化的趨勢分析等資料。例如，醫藥行業的《醫藥零售情況報告》，每期報導全國各種主要藥品每月的零售價格和銷售量排名，這無疑為醫藥行業企業的財務診斷提供了極有價值的資料。

6.專業資訊資料機構

隨著社會經濟的發展和分工的細化，出現了一些專門從事資訊

諮詢的機構，這些機構受客戶委託進行各種資訊的調查、收集、整理和分析，為客戶的決策提供資訊服務，構成了諮詢產業的基礎層。

例如，國外的蓋洛普公司(Call up)，就是全球知名的民意測驗和商業調查公司。在長達 60 多年的時間裏，蓋洛普用科學方法測量和分析選民、消費者和企業員工的意見、態度和行為，並據此為客戶提供經營和管理諮詢服務。

又如鄧白氏公司(Dun&Brad Street)是以提供商務資訊起家、發展而成的一家綜合性企業情報服務機構，專門為企業客戶提供信用評估、海外市場推廣、採購及決策支援等方面的商業資訊服務。該公司擁有世界上 6000 多萬家企業的資料，是全世界最大的企業數據庫。在歐洲，最大的企業數據庫名為「歐洲門」(Europe Gate)。在徵集消費者資料方面，有著名的 TRANSUSNION、EXPERIAN、EQUIFAX，它們每家都搜集了數億消費者的資料。在資產評估方面，Moody 和標準普爾是全球權威的機構，其主要產品是信用報告和資產評級。

7. 政府機構和國際組織

很多政府機關，如資訊中心、統計局等，也向社會提供直接或間接的數據資訊。隨著人們對市場經濟意識的增強，各級地方政府也開始向社會提供越來越多的用於招商引資的資料和數據。一些國際組織，如世界銀行、聯合國、亞洲開發銀行、各國貿易促進會、各國駐外使館商務處，都會提供大量定期或不定期的資訊數據，這對於瞭解國際市場非常有價值。

8. 資訊網路

在通訊技術日益發達的今天，資訊網路已成為必不可少的資料搜集來源。資訊網路有著信息量大和資訊更新快的特徵。據統計，

目前全球 Internet 網頁超過 20 億,且還在快速增長。資訊網路上的資訊變化與更親速度之快也是空前的。很多網站可以為財務診斷人員提供大量有用的、低成本的資訊。

二、親歷資料的搜集

　　親歷資料指的是財務診斷人員通過現場觀察、與有關人士面談、召開座談會、發放調查問卷等方式親自參與調查而獲得的資料,搜集過程中需要一些技巧。

1.現場觀察

　　現場觀察就是到企業的所在地,實際目睹有關運營情況。現場觀察能夠增加對企業的直觀認識,還能印證某些事實,並以觀察到的現象推斷整體。

　　現場觀察一般安排在對企業有了一定的瞭解,如查閱過有關資料之後,這樣才能對瞭解到的情況作現場確認。

　　現場觀察應有針對性的觀察項目和明確的觀察目的,並隨時做好觀察記錄。下面以現場觀察工廠生產、商店、辦公室的工作效率為例,說明觀察的一般性內容。

(1)工廠現場觀察

　　生產作業狀況:A.機器開工率為多少;B.各工序中是否有過多的在產品積壓;C.生產中斷的情況是否普遍;D.作業有無明顯的改善餘地;E.生產環境是否良好;F.工人生產情緒是否飽滿,等等。

　　原材料、零件、在產品等物資的保管狀況:A.各種物資的庫存是否適當;B.各種物資是否實行定置管理,有無責任人;C.各種物資有無賬簿記錄,賬物是否相符;D.各種物資的正品和殘次品是否

區別存放，等等。

品質檢驗狀況：A.上下工序間是否實行自檢或互檢；B.有無專設的檢驗人員；C.檢驗人員的負責任程度如何；D.檢驗是否有記錄；E.正品和殘次品是否有不同的處理；F.殘次品率為多少，等等。

(2) 商店現場觀察

外觀狀態：A.外部裝潢和招牌是否有吸引力；B.門市是否整齊清潔；C.櫥窗展示是否具有誘導力，等等。

店內狀況：A.店內空間是否過於擁擠或空曠；B.照明、色彩是否舒適；C.櫃檯擺放是否適當；D.店內溫度是否適中；E.售貨員衣著是否統一、大方；F.售貨員舉止是否優雅，語言是否文明禮貌；G.售貨員是否殷勤、熱情而又不強行推銷，等等。

(3) 辦公室現場觀察

辦公狀況：A.辦公室是否清潔整齊；B.各辦公位置是否按工作流程安排；C.辦公空間是否過於擁擠或空曠；D.工作人員辦公效率如何；E.工作人員離崗的次數、時間如何；F.工作人員工作節奏如何；G.辦公裝備如何，利用率多高；H.辦公室內是否存放過多的個人用品，等等。

檔案狀況：A.文件擺放是否整齊；B.檔查找是否方便、快捷；C.文件收發有無交接手續；D.文件存放有無記錄；E.保險櫃、櫥櫃內的物品是否零亂，是否登記在案，等等。

2. 面談

面談是指與少數有關人士的個別談話，通過面談，可以向談話人詢問情況、瞭解事實、徵求意見、探討問題。

由於面談是「一對一」的或小範圍的，所以形式較輕鬆、隨意，便於談話雙方的溝通，談話內容也容易深入。

進行面談前後應注意以下幾點：

(1) 做好面談計劃

一份好的面談計劃，將為面談的成功作好鋪墊。面談計劃中應確定面談的目的、對象、時間、內容大綱等。

①明確面談目標：要清楚為什麼安排面談，將與對方談什麼，達到什麼目標。例如，在觀察到生產工廠的原材料存放散亂後，即可安排與工廠負責人面談關於原材料領用和保管的情況。這種面談的目的在於落實工廠的原材料使用是否浪費，損失大致多高。面談的內容可以圍繞原材料領用的計劃、原材料領用的手續、原材料的保管責任人、各工序間的在產品交接、產品的用料標準原材料的生產台賬記錄、原材料的盤點和賬實核對等問題展開。

②確定面談對象：面談對象的確定，一是為了保證達到面談目標，應安排與關鍵人物、瞭解情況的人物面談；二要貫徹「成本效益原則」，安排很多的談話次數和很長的談話時間可能有助於瞭解情況，但代價太大。

③確定面談時間：面談的時間應與調查的整體進程相協調，但要留有餘地，因為談話對方不一定能完全按照財務診斷人員的時間表行事。

④擬訂談話大綱：在面談前準備一份談話大綱是非常必要的。談話大綱圍繞面談的目標提出問題，可以確保面談不脫離設定的目標，提高面談效率。

例如，財務診斷人員接受某彩電生產企業的委託，診斷如何提高其產品銷售的問題，在準備與企業某銷售網點的負責人面談，瞭解彩電的銷售情況前，可擬訂談話大綱如下：

→顧客基本情況：顧客的類型、年收入、住房情況、已有彩電

的品牌，等等；

　　→顧客對彩電的看重：價格、服務、品牌、購買手續(方便)、功能，等等；

　　→客戶對本企業產品的看法：價格、服務、質量，等等；

　　→客戶的消費傾向：近期是否有購買彩電的意向、看好什麼樣的彩電，等等。

(2)面談前的準備

　　面談前應做一些準備，主要有：預先掌握一些基本情況，對面談的內容、背景有初步瞭解，這樣可以在談話時節省時間，並可增加與談話者之間的共同語言；瞭解面談對象的基本情況，如面談對象的經歷、性格特點等，這樣可以縮小與談話者問的心理距離，建立融洽輕鬆的談話氣氛。面談應準時到場，倘若臨時有意外變化，應及時通知對方，或延時，或改期，不可讓對方久等。

(3)面談的進行

　　面談是對財務診斷人員專業能力、應變能力和社會交往能力的考驗，這些能力只能在實踐中鍛鍊提高。一般來說，面談時應注意把握好以下幾個問題：

　　①良好的開場白：其標準是意圖明確、簡明扼要，在短時間內建立起輕鬆、融洽的氣氛，激起對方回答問題的積極性。

　　②控制和轉換談話內容：要能控制談話的方向、內容、範圍和進展，不能跑題，不能讓一個話題佔用太多的時間，要能適時、自然地從一個話題轉換到另一個話題。

　　③對問題的重述和追問：當感到對方對問題未能準確理解時，可重述所提的問題，以幫助對方理解；當對對方的談話有疑問時，也可通過重述加以確認；當感到對方對問題的回答不完整或希望深

入談下去時，可作進一步追問。

④提出假設並予驗證：這指的是財務診斷人員對某事件提出一些可能的問題，請對方回答，以驗證可能性的存在。

如上例，假設某規格的彩電銷售不好是因為其價格定位太高，財務診斷人員就可向面談對象提問：「你是否認為××產品價格太高是影響其銷售的重要原因？」「你認為這種產品的價格定為多少較為合適？」

⑤做好面談記錄：財務診斷人員對面談的內容要隨時記錄，以便於談話資料的整理和分析。

⑷記錄的整理

面談之後，要及時對面談記錄進行整理，及時歸納出面談的要點，以防日後遺忘，也可為資料分析提供依據。

3.座談會

座談會是財務診斷人員召集有關人士集體詢問情況、瞭解事實、徵求意見、探討問題的一種形式。座談會與個別面談的不同在於，可以在座談會上集思廣益，互相啟發，從而得到預想不到的結果；同時調查成本相對較低。

召開座談會的主要方法和應注意的事項：

要合理挑選出席座談會的人員，可安排多個方面的代表人物同時參加；座談會應儘量激起每一名到會者的積極性，讓大家充分發揮見解；適當地組織一些討論是必要的，但不可引發激烈的爭論。

4.問卷調查

問卷調查是一種定量調查的方法，其目的在於通過對有代表性樣本的調查，獲取量化了的資訊，以加深對特定問題的瞭解深度，是資料調查中較精確的一種。

各種各樣的市場調查、民意調查基本上都是採用問卷調查的方式。問卷調查的好處在於可以搜集到較多的資訊，也較易於操作。問卷調查的不足之處是只能得到問卷中所提問題的資料，幾乎沒有補充或發揮的餘地；此外還經常因為部份被調查者不負責任而使調查資料不夠可靠；並且回收率往往較低。

採用問卷調查要把握好兩個關鍵問題。

⑴樣本規模、樣本要求和調查方式

具體包括：

樣本量：調查的樣本量並非越多越好，而是以達到足夠信任度的最小樣本量為宜。

樣本要求：樣本要求包括對被調查的個人、集團、地區等要素的要求，應當在這些方面使樣本具有足夠的代表性。

調查方式：調查方式指的是如何按照調查問卷上的問題訪問調查對象。調查問卷的調查方式有下列幾種：

- · 面對面訪問，該種方式利於與被調查者的互動和挖掘更多的資訊，但調查成本較高；
- · 電話訪問，該種方式所佔用的時間短，費用也較低，但容易被對方所拒絕；
- · 信函訪問，該種方式得到的回覆經過了被調查者的深思熟慮，費用較低，但回覆率低，週期較長；
- · 電子郵件訪問，這種方式費用低，但回覆率可能不高，同時因為所需要的條件較高，限制了該方式的推廣；
- · 面對面發放並要求被調查者當場填寫，該種方式可當時回收資訊，調查範圍較大，但成本較高。

⑵問題設計

調查問卷的問題設計，應注意的主要問題是：

・所問的問題要全面，但不要重覆；

・所問的問題要按邏輯關係順序排列；

・所問的問題要清楚明瞭，不可令人費解；

・儘量選擇被調查者便於掌握的測試方法，如對問題性質打鉤、1～10分打分，等等；

・回答問題所需的時間不可過長，一般講不宜超過 30 分鐘，以免被調查者厭煩。

財務診斷人員為了集中精力做好更重要的工作，可以考慮委託專門的資訊調查公司承擔問卷調查。財務診斷人員要做好的工作主要有：

・設計問卷；

・跟蹤調查的進展（如通過對問卷發放的觀察）；

・檢驗調查的結果（如通過對問卷及調查結果的抽查）。

三、調查前的注意事項

為了提高調查工作的效率，使調查工作收到預期的效果，財務診斷人員應當在調查開展之前注意幾個問題：

1. 明確調查的目的

為財務診斷所做的調查要有明確的目的。只有調查工作具備明確的目的，財務診斷人員才知道該怎樣去做；盲目的、漫無邊際的資料搜集既無效率，也會使人厭倦。所謂明確調查目的，指的是明確調查需要解決什麼問題。財務診斷中每安排一項調查，都應當使

診斷人員事前明確要解決什麼問題，解決這個問題與完成診斷任務有什麼關係。

2. 明確對調查資料的要求

能夠達到目的的調查資料，必然要符合一定的要求，並應充分利用各種數據來源。具體講，應當明確這樣一些問題：

(1)需要什麼樣的數據。在調查搜集資料之前，應明確需要搜集什麼樣的數據。例如，要說明某個問題，需要搜集比較精確的定量數據，還是掌握精確性相對較差的定性數據即可；要進行企業間的對比，需要搜集國有企業的資料，還是合資企業、外資企業，或國外企業的資料；要評估企業的資產，需要搜集歷史的資料，還是市場的資料，等等。之所以要強調「需要什麼樣的資料」，是因為不同資料對問題的說明力度、角度不同。

(2)什麼時候需要資料。各種調查資料的需要時間不一樣，一些基礎性資料在財務診斷的前期就要掌握；另外一些建立在基礎資料之上的、對問題作進一步說明的資料，取得的時間要求則可能遲些。

明確「什麼時候需要資料」的意義，其一在於可以有條不紊地安排診斷時間，先調查搜集最基礎、最急需的資料，再搜集其他資料，避免時間安排上前後鬆緊度過於懸殊；其二在於可以使工作效率更高，避免發生做後期分析時還未掌握前期資料而影響診斷工作進程的情況。

(3)獲取資料會付出多大成本。獲取資料肯定要付出成本，這裏的成本既包括資金，還包括人力、時間。財務診斷必須遵循「成本效益原則」，同時兼顧資料的質量和有限的資源。有的時候，一定的妥協或折中是必要的。例如，某些資料無法取得或取得成本過高，就要想辦法以其他資料代替，那怕其質量稍差。還有的時候，

需要分別輕重緩急，集中力量保證關鍵性資料的質量，而降低一般性資料的質量要求。例如，在調查受診企業管理費用居高不下的原因時，若管理費用中行政辦公費、壞賬損失、存貨盤虧所佔比重很大，其他費用所佔比重較小，就沒有必要對所有的管理費用項目均作詳細調查，而應當主要抓住行政辦公費、壞賬損失、存貨盤虧這幾項費用不放，力爭掌握詳細、全面、準確的資料；對其他費用項目的資料調查，則可相對少投放些時間和人力。這樣做可以有效利用現有資源，收到事半功倍的效果。

(4)資料的可靠程度。不同來源的資料，可靠程度不同，財務診斷人員應對此有所認識，有選擇地採用不同的資料。

3.明確資料的來源和搜集方法

財務診斷人員應當清楚能夠從什麼來源獲得所需要的調查資料，以便多途徑地獲取資料，並比較選擇最佳的資料；或在某一來源不暢時，轉從其他來源獲取資料。例如，做受診企業市場銷售規模的調查，需要有關消費者收入結構、消費者消費偏好、同類產品質量和銷售價格等方面的資料；這些資料一般可來源於統計年鑑、市場調查、行業協會資料、新聞報導，等等。

資料能夠以不同的方法搜集取得。財務診斷人員可通過查閱現有文件取得所需的資料，如查閱受診企業財務報告、統計資料、行業分析報告、網上搜尋等，通過這類方法取得的資料是現有的、由他人提供的；也可通過親自調查取得所需的資料，如召開座談會、訪問有關人員、發放調查問卷等，通過這類方法取得的資料是財務診斷人員親歷的；還可以委託他人獲得所需的資料，如採用外包的方式，委託專業調查公司搜集所需的資料，這樣做有利於診斷人員將精力更集中於自己擅長的工作。

4. 制定調查計劃

　　財務診斷人員還應當制定一份調查計劃，這份計劃中需要明確資料調查的內容、來源、完成時間、搜集方式、責任人等基本要素。調查計劃是使調查工作順利開展和按時完成的保證。

診斷財務問題的方法

　　財務診斷人員在搜集資料的過程中或資料搜集齊全之後，會發現不少問題，接下來就要對資料進行分析，從中找到產生問題的根源。分析問題的方法很多，經常使用的有以下幾種：

一、魚骨圖分析法

1. 魚骨圖分析法的意義

　　魚骨圖也是一種分析問題的圖示，其形狀似魚骨架，由日本東京大學伊什卡瓦（IShikaWa）教授發明。魚骨圖分析法最初用於全面品質管制中的質量問題原因分析，現已成為各類諮詢診斷人員進行因果分析的常用方法。事物的因果關係很複雜，一個事件往往由多種原因造成，這些原因又起源於另外的原因，種種原因縱橫交錯，難以一下辨清它們之間的關係，以至於使人感到撲朔迷離。

　　魚骨圖分析法可以幫助財務診斷人員找到形成某一問題的所有可能的原因，並理清這些原因之間的脈絡。

2.魚骨圖的繪製

　　繪製魚骨圖，先將問題列於圖的右側，代表「魚頭」；然後從「魚頭」開始向左畫出一條橫線，稱作「魚骨」；再將問題的各項產生原因分列於橫線（「魚骨」）的上、下，並分別以 45 度角的直線標示，謂之「魚刺」；若各項原因可再分解出第二層次的原因，將其列於「魚骨」的兩側，並仍以 45 度角線或直線標示，是為「小魚刺」。所有能夠找到的原因都標出後，最後的圖形酷似魚骨架。

　　圖 4-1 是某企業產品的市場銷售佔有率下降的原因診斷分析魚骨圖，財務診斷人員對該企業市場銷售佔有率下降的問題進行分析後，認為有營銷人員工作不力、廣告宣傳不到位、銷售管道不暢、產品缺乏競爭力四方面的原因。這四個方面的原因又分別由其他原因導致而成。

圖 4-1　市場銷售佔有率下降的分析

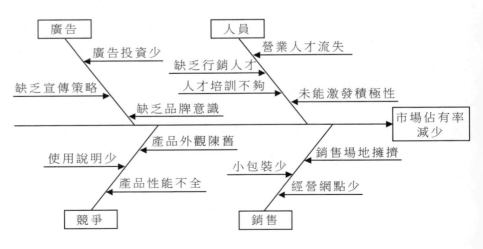

銷售人員工作不力，是因為缺乏合格的營銷人員、營銷人員流失、人才培訓不夠和未能充分激起營銷人員積極性等原因造成的；廣告宣傳不到位，可以分解為企業的廣告投資少、缺乏品牌意識，缺乏宣傳策略等原因；銷售管道不暢，是因為銷售場地擁擠、缺乏受顧客歡迎的小包裝、產品經營網點少等原因導致的；而產品缺乏競爭力，是由於產品外觀陳舊、產品性能不全、產品說明書不完整等原因形成的。

二、問題樹分析法

1. 問題樹的概念與意義

財務診斷人員在掌握了一定的資料之後，往往會感到存在的問題很多，涉及的因素千頭萬緒，解決起來一時無從下手。採用問題樹的方法，可以幫助財務診斷人員理清解決問題的思路。問題樹是從提出疑問(如是否應當這樣做，產生的後果會怎樣)開始，每提出一項疑問就畫出一個分權，然後再對疑問繼續設問、分叉，最終形成樹狀圖。

繪製問題樹的過程，就是把複雜的問題層層分解成一個個可以通過資料搜集與分析，予以肯定或否定的簡單問題的過程。圖 4-2 是財務診斷人員為一家服裝企業是否開展新業務所繪製的問題樹舉例。

2. 問題樹的繪製

繪製問題樹有一些技巧，如：

(1)將隨時想到的問題寫在可以隨意粘貼的「即時貼」上，然後在預先畫好的樹上不斷地擺放、調整，最終使問題得到適當的排列。

(2)用不同的顏色塗畫問題樹的樹幹，以表示不同的重要性。

(3)在問題樹幹的末端標註需要搜集的資料和搜集資料的方法，以使問題樹的繪製與下一步的工作聯繫起來。

圖 4-2　問題樹舉例

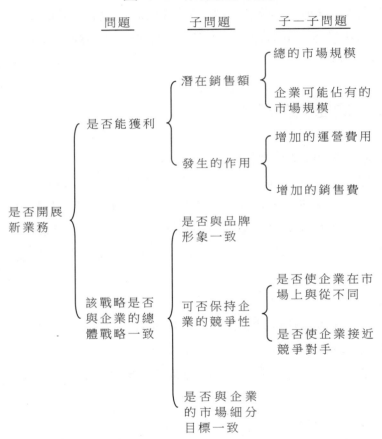

3.問題樹的作用

問題樹是幾乎所有國際諮詢診斷公司最常用的分析工具之一。從上述舉例中可以看到，問題樹能夠發揮的作用主要有：

(1)把握考慮問題的思路。問題樹的繪製是分析問題的過程，通過分析也就理清了考慮問題的思路。

(2)明確需要做的問題分析。繪製問題樹必然要將分析的問題列舉出來，這才知道該如何分析解決。

(3)防止遺漏重要的考慮點。問題樹將考慮點一一繪製在樹幹上，可以反覆審閱，反覆思考，有利於防止或減少考慮點的遺漏。

(4)便於搜集解決問題所需要的資料。問題樹幹上標註了解決問題所需要搜集的資料，隨後即可開展資料搜集工作。

(5)便於與他人交換意見。問題樹將分析考慮的問題和所需要搜集的資料統統繪製在圖上，表達直觀、形象、與他人交流起來更易於對方理解。

三、項目檢查法

項目檢查法是預先提出要檢查的一覽表或核對清單，按照一覽表或核對清單一一檢查核對，從中發現問題。

所列出的檢查一覽表或核對清單根據不同的受診企業而變化，所以項目檢查法的具體辦法很多。較常用的項目檢查法是「七點核對法」。

所謂「七點核對法」是在檢查受診企業時，從七個方面進行核對。這七個方面是企業最常出問題的方面，分別是：

(1)核對 P(Productivity，生產效率)。

即檢查企業是否存在生產效率下降的問題。

(2)核對 Q(Quality，質量)。

即檢查企業生產質量方面有無保證。

⑶核對 C(Cost，成本)。

即檢查企業生產成本以及各類費用是否浪費或不經濟。

⑷核對 D(Delivery，交貨期)。

即檢查企業是否能夠如期交貨。

⑸核對 S(Safety，安全)。

即檢查企業在生產經營過程中是否存在安全隱患。

⑹核對 T(Time，時間)。

即檢查企業的各項工作能否在計劃的時間內完成。

⑺核對 M(Morale，士氣)。

即檢查企業員工的工作熱情和責任心。

四、十點分析法

事物存在的問題可能很多，但有些是經常發生的，面對某一事物，從這些經常發生的問題入手進行分析，往往就能抓住要害或引出其他問題。十點分析法就是預先選定十個發生幾率較大、有啟發性的要點(實際操作時不一定局限於十個要點，可以根據具體情況而定)，再以此為引導，提出相關的問題。

例如，財務診斷人員對某生產企業的生產過程進行診斷，以一般企業生產過程中經常出現的十類問題為要點檢查對照受診企業，找出了與十個要點相應的表現(見表 4-1)：

表 4-1　十類問題點分析

十要點	相應表現
困惑的事是交貨拖期	原因是產品質量無保證
難辦的事是計劃外任務	經常變更工作指令
傷腦筋的事是指導下屬	員工達不到目標
費時的事是加班多	計劃內時間完不成任務
受責備的事	命令傳遞失誤；忘記彙報工作
下道工序不滿意的事	耽誤了委託的籌資；臨時要求採購
容易搞錯的事	訂貨單填寫錯誤
不明確的事	工作分工；工作範圍
難理解的事	上級的臨時指示
危險的事	安全規則不規範

心得欄 ------------------------------

5

解決財務問題的技巧

　　財務診斷人員在分析出（找出）受診企業存在的問題後，要提出解決問題的方案，設法幫助企業解決問題，提高經營管理水準。

　　財務診斷中用以解決問題的方法很多，且必須根據不同的情況靈活運用。以下是常用的一些方法。

1. 腦力激盪法

　　所謂腦力激盪法，是召集若干人對某個問題集體討論，集思廣益、互相啟發的一種集體式創造性解決問題的方法。這種方法簡單實用，容易出效果。它的特點在於能夠最大限度地挖掘與會者的潛能，無拘無束地發表個人意見，讓各種思想的火花充分迸發，自然碰撞，如同掀起一場腦力激盪，一些有價值的新創意就可能產生於這場「激盪」中。

　　腦力激盪法之所以能夠獲得成功，基於其集體討論所具有的彼此促動的群體動力學基礎。討論中，當一個人提出新想法，這個想法就不僅是他自己的想像，而會在每個討論者的大腦中產生震動，引起一系列聯想，從而激發其他人的想像力，解決問題的方案就可能產生。

　　腦力激盪法主要用來解決開放性的問題，在財務診斷中適合用於解決下列問題：

‧ 企業的財務戰略選擇；

‧ 關於開拓市場的新概念，如新的消費觀念、未來市場方案的
觀念；

‧ 改善流程，如對財務決策流程、財務制度執行流程的改進；

‧ 規劃與故障維修，如對未來可能增加的財務困難的預期、對
財務規劃運行中可能發生的故障分析，等等。

2. 名義群體法

腦力激盪法的特點是通過對問題的集體討論，找到解決問題的
方案。但有的人不習慣在大庭廣眾面前表現自己，還有的人不善於
語言表達，這些人參加激烈的集體討論，反而會抑制個人創造力的
發揮。名義群體法就是一種適合這些人參與的群體討論的方法。

名義群體法在方案制定的過程中限制群體討論。實施名義群體
法，也要召集有關人士參加群體會議，但會上的主要活動是互不通
氣的獨立思考，集體討論是次要的。當然這樣的群體活動也只是名
義的了。

實施名義群體法，一般要經過幾個過程：

①會前的準備：會議前，組織者應將要討論的材料分發給參會
者，使他們事前有所準備。

②書面意見填寫：會上，組織者先向與會者發放事前準備好
的、用於其發表個人看法的簡單圖表（或其他形式的意見表），與會
者在圖表上用簡潔的語言寫下或標出自己的意見，也可以在會議前
就請與會者將圖表填寫好。

③書面意見交流：與會者將填寫好個人意見的圖表交給會議組
織者，由組織者將圖表在與會者間交換，使每個人的意見充分交流。

④意見討論：在組織者的安排下，與會者發表自己的看法。這

時的個人看法,已參考和融合了他人的意見,比較全面和深刻。

⑤打分表決:與會者對各種意見打分表決,並按得分多少排序,以得分最高者為最優方案,交有關方面作為決策的參考。

名義群體法比起腦力激盪法來,更便於保持參與者思路的流暢性,具有其獨到之處。

3. 特爾菲法

特爾菲法是與腦力激盪法完全不同的另一種徵求意見的方法。它的特點不是參與者集體當面討論,而是「背靠背」地發表意見。特爾菲法的做法是:

①個別徵求意見:組織者先就某個需要解決的問題,選擇有關人士個別徵求意見。徵求意見的方式可以是書面的,也可以是口頭的;若是口頭徵求意見,一定要詳細地做好記錄。

②意見分析:組織者將徵求的意見集中起來,並對其進行歸納和分析。

③意見反饋:組織者將每個人的意見和分析資料分別反饋給提供意見的人,由他們修改自己的意見,再集中到組織者手中。

④意見總結:組織者將第二次徵集的意見進行對比、分析和總結,形成最後意見。

特爾菲法「背靠背」地徵求意見的做法,一是可以避免被徵求者之間相互影響;二是無須參與者到場;省去了召開群體會議的麻煩。

實施特爾菲法要注意的幾個問題:

被徵求意見者的人數在 10～50 人之間。人數太多,不宜對所徵求意見進行歸納和分析;人數太少,所徵求的意見又可能不全面。

精心設計意見徵詢表。意見徵詢表的設計要問題明確,便於被

徵求者表達意見，還要便於歸納分析。意見徵詢表設計的優劣，直接影響著最終方案的質量。本方法的缺點在於耗用時間較多，故不適合用於需要迅速作出決策的事項。

6

診斷財務組織的內容

一、財務組織診斷的內容

企業財務組織診斷屬於企業財務基礎工作診斷的內容之一。財務診斷機構接受對企業的全面財務診斷業務後，財務組織診斷是首先面臨的診斷內容。

財務組織診斷主要圍繞企業是否建立了與企業發展相適應的健全合理的財務組織機構，以及財務機構及其它相關機構是否分工明確，責權利相結合。具體內容主要包括：

1. 財務管理組織機構的職責、許可權是否明確、適當。

2. 財務部門的人員配備在數量和素質、經驗、能力上是否能滿足工作需要。

3. 企業各機構之間的職責分工是否明確，是否符合內部控制的原則和要求。

4. 相關業務流程是否合理，財務部門與其他部門的工作是否協

調。

　　5. 企業財務管理組織的變動狀況及其原因，等等。

二、財務組織診斷的常見問題

1. 機構設置不當

　　機構設置不當不外乎兩種情形：一是組織層次過多，二是管理幅度過大。

　　一般而言，組織層次和管理幅度是相互關聯的。組織層次是指組織設定為多少等級，管理幅度則是指每一管理層所管轄範圍的大小。二者是相輔相成的，即組織層次越少，管理幅度就越大。

　　財務管理機構管理幅度大小主要取決於以下幾個因素：

　　(1)管理工作的性質及其複雜程度。管理工作越具特殊性，複雜程度越高，管理的幅度就應當越小；反之亦然。

　　(2)財務管理人員的素質及其訓練程度。一般而言，財務管理人員素質越高，接受的訓練越好，其在一定時間內可以處理的事務就越多，或者說處理相同事務所需要的時間就越少，當然其工作質量也會較好，這種情況下財務管理機構的管理幅度可以相對增大。

　　(3)資訊溝通的方式及其效果。資訊溝通的方式及其效果在相當程度上決定了企業的工作效率。

　　此外，很多企業在財務機構設置問題上存在著一種誤解，即為設置機構而設置機構，一味追求組織結構的完整性，而不考慮自身企業的實際情況。更有甚者，一些企業因人設事，專門為解決某某人的安排而設置財務管理機構，這必將導致企業機構臃腫，工作效率低下。

(4)下級人員的數量及其企業空間的分佈狀況。下級人員數量多,企業空間分佈緊湊,管理幅度便會加大;反之亦然。

2. 計劃缺乏明晰性

計劃缺乏明晰性是指上級所下達的計劃不夠明確,不夠量化,難以操作或考核。

明確的計劃是指企業的各項計劃或預算應當制定明確,相關任務或指標應盡可能落實到部門或人員,並使其充分瞭解。有了明確的計劃,每個財務管理人員對其工作的目標都心中有數,上下級之間的溝通過程和所需時間就會大大縮短,財務部門的管理幅度則可相應增大。

3. 授權不當

在財務管理的實際工作中,往往會出現兩方面的誤解,一是授權不夠,二是授權過度。

授權不夠往往是過多地考慮了相關業務和財務事項的控制因素,過分強化了事務處理的手續、流程,特別是審批環節的控制,這將導致經營效率下降。授權過度則是過分考慮了經營效率因素,而忽視或弱化了相關的控制,其結果很可能會因此導致錯誤或弊端的發生,最終使經營效率降低。

適當的授權要求財務部門主管將完成工作任務所必需的相應許可權明確授予下屬機構和管理人員,在合理的範圍內,減少不必要的請示、彙報,從而提高工作效率,增大管理幅度。

4. 權力重迭、職責不清

一些企業相關機構的財務管理職責重迭、交叉。如有的企業高層管理中,既設有財務總監,又設有主管財務的副總經理,這就會導致財務總監和財務副總經理之間職責不清,分工不明,從而使部

門之間矛盾重重，下屬職員無所適從，嚴重降低工作效率。

5.人員結構不合理

人員結構不合理有兩種情況，一是高中層次人員配備過多，低層次人員數量相對不足；二是低層次人員數量過多，而高素質人才相對不足。前一種情況會造成人力資源的浪費，而後一種情況則會導致很多重要而複雜的工作無人承擔，從而影響財務管理工作的質量和水準。

心得欄 ----------------------------------

財務控制系統的診斷

一、財務控制系統的原則

企業財務控制系統，其重點主要包括：

1. 職務分離與流程控制

職務分離與流程控制是指應將交易事項涉及的各項職責交予不同的機構或人員辦理，不同的機構或人員之間要履行必要的業務流轉和交接手續，以使相關機構或人員之間相互制約，從而確保財產物資的安全完整和交易的正確無誤。職務分離控制是財務控制的首要方法。

企業應進行分離的職務主要有：

(1)有權進行某項交易和執行該項交易的職務。如批准採購材料的人員與材料採購人員應當分離。

(2)執行某項交易的人員與審核該項交易的人員。如開具發票與發票審核的職責不能由一人兼任。

(3)執行某項交易與記錄該項交易的職務必須分離。如採購人員不能兼記會計賬目。

(4)保管某項資產與記錄該項資產的職務必須分離。如出納與會計要分離，材料保管員與材料核算人員要分離等等。

(5)資產的保管與核對職務要分離。如現金盤點不能由出納進行，材料盤點不能由保管員進行等等。

(6)會計職務的適當分離。如手工簿記系統下記錄總賬、明細賬、日記賬的職務應當分離。

2. 授權控制

授權控制的目的在於保證財務活動在所授許可權的範圍內進行。授權分一般授權與特別授權。一般授權是指企業內部各級財務管理人員在其職權範圍內，根據既定的預算、計劃、制度等標準對常規性的財務活動或行為進行的授權。它適用於一般性的常規業務。特別授權適用於特殊的財務事項，這類業務往往是個別的、非常規的，發生的頻率較低，往往難以事先預計，無法通過預算、計劃進行常規控制，必須經由相應級別的管理者進行研究決定。企業應根據其特定的情況及其財務管理體制的要求、業務的特點及被授權人員的素質與能力等，斟酌確定財務管理授權的程度。

3. 制度與標準控制

企業的財務規章制度是企業財務管理人員和管理者進行生產、經營和管理活動的行為規範和準則，是維持企業財務正常秩序的基礎。企業的財務規章制度一般包括：

(1)基本管理制度。是指普遍適用於企業各部門和人員的制度、辦法。如考勤制度、獎勵制度、處罰制度，等等。

(2)業務制度或工作制度。是指與特定的業務或工作有關，適用於財務管理部門及相關人員的工作制度。如各項具體的財務管理辦法。

(3)責任制度。是指財務部門或財務人員對其從事的工作所享有的權力和應承擔的責任的規定。如崗位責任制。

　　企業的財務制度應保持相對穩定，不宜頻繁變動，但也應根據企業內部、外部的條件變化，進行及時修訂。

　　標準是明確的量化尺度，是企業管理者對財務管理人員工作管理與考核的重要依據。這些控制考核標準通常按部門、產品設定，如材料驗收標準、材料消耗定額、產品質量標準等等。在可能的條件下，通過制定標準實現對經濟業務的控制、考核，是非常必要的。標準應保持其先進性，隨生產條件的變化、技術的改進而適時修訂，以使其切實具有積極有效的控制作用。

　　標準控制中，預算控制是一個非常重要的組成部份。

　　企業預算是現代企業有效的科學管理方法之一。它是一個相互聯繫的完整體系，既是各項經營決策的具體化，又是控制生產經營活動的依據。其中，財務預算與業務預算緊密相關，它是關於資金籌措和使用的預算，包括短期的現金收支預算和信貸預算，以及長期的資本支出預算和長期資金籌措預算。預算制度的建立可以明確企業的經營目標，協調經營過程中企業各部門之間的關係，控制企業的生產經營活動和各項財務活動，考評企業及各部門的經營業績，從而有效地實現企業的總體目標。

4. 資訊控制

　　資訊控制包括會計資訊控制、財務資訊控制、統計資訊控制。

　　會計資訊控制主要是通過憑證與記錄的控制實現的。憑證與記錄是經濟業務進行及其狀況的客觀證明，它記錄了經濟業務的性質、雙方的名稱、條件、流程和經辦人等。

　　它可以證明經濟業務是否合規合法以及相關人員履行職責的情況。企業對所有會計憑證均應按需要設計適當的內容、聯次、傳遞流程與相關的手續，並根據憑證進行相應的會計記錄，包括總

賬、明細賬、日記賬記錄，最終形成會計的匯總資訊——會計報表。所有憑證與記錄均應妥善保管。完整的會計資訊以及在此基礎上通過財務部門自身採集、分析匯總的各種財務資訊，應經過有效的管道與適當的方式傳達給相關的使用者。

統計資訊控制主要是對相關的原始記錄、統計台賬以及統計報表進行的控制。企業應根據管理的需要設定相關的記錄內容、流程與要求。

5. 資產接觸與記錄使用控制

資產接觸控制是指未經授權，任何人不得隨意接觸作為控制對象的各項資產（包括貨幣資產、實物資產、有價證券及涉及企業專有技術、商業機密的各類數據）及其相關的文件與記錄。資產記錄控制則是指所有資產均要有書面記錄，且均應由專人保管，其收入與付出（領用）均應有嚴格的控制流程。

6. 稽核監督與審計控制

稽核是指對財務人員或部門的工作進行驗證，尤其是指對記錄的驗證，通常由指定的專人進行。審計是指由獨立的專職機構和人員對企業的經濟活動進行檢查和評價。

外部審計與內部審計制度均具有對經濟活動的監督與控制作用，但內部審計作為企業的一項獨立的常規工作，其作用更為經常化。內部審計是企業控制系統的一個特殊的組成部份，它是對控制系統中其他控制的再控制。內部審計要瞭解和評價企業的控制系統是否健全、有效，控制目標是否實現，控制過程有無缺陷和問題並提出有效的建議，促使企業的控制體系更為完善和有效。

二、財務控制診斷

1. 銷售與收款循環中的財務控制診斷

(1)客戶的賒銷是否在發貨前得到授權批准。

(2)是否將發運憑證與客戶訂單相核對。

(3)銷售價格、付款條件、運費和銷售折扣的確定是否建立了授權批准制度，授權是否適當。

(4)發運憑證和銷售發票是否事先編號並全部登記入賬，入賬是否及時。

(5)是否由獨立的人員對發票、訂單、運單、合約以及應收賬款的記錄等進行稽核。

(6)是否定期向客戶寄送對帳單。

(7)是否具有應收賬款的管理制度，是否經常對應收賬款進行清理，以加快應收賬款的回收。

診斷注意事項：

(1)是否進行了適當的職責分離。銷售與收款環節應進行分離的職務主要有：①接受訂單的人員與核准付款條件的人員必須分離；其中付款條件的確定需由銷售部門與信用部門同時批准；②通知發貨的人員不能同時負責裝運貨物和收款；③開具發票的人員與負責覆核發票的人員必須分離；④辦理退貨驗收的人員不能同時辦理退貨的賬務記錄；⑤應收賬款的記錄與核對職責必須分離。

(2)是否有適當的授權審批制度並嚴格執行。銷售與收款環節的授權審批主要包括：①賒銷業務審批，即未經事先授權審批，不得辦理賒銷業務；②發貨審批，即未經審批不得擅自發出貨物；③

價格及銷售條件審批，包括銷售價格、銷售折扣、運費負擔及其它銷售條件等，都必須事先經過授權審批。

(3)是否具有充分健全的記錄。憑證與記錄包括：客戶訂單、銷售通知單、發運憑證、銷售發票、退貨接收單、貸項通知單及相關的賬目與報表。

憑證與記錄應事先編號，並按相應的流程與職責進行記錄或簽字，這一方面可以保證記錄的完整，另一方面可以明確相關人員的責任。

(4)是否建立了有效的核對制度。核對制度一是指內部稽核，即由獨立的人員對銷售業務的進行及其記錄進行核查；二是指與客戶的賬目核對，即定期向客戶寄送對帳單並進行核對，以保證賬目記錄的正確。

(5)是否具有完整的銷售形勢分析制度。銷售形勢分析制度包括對銷售任務完成情況的分析、對應收賬款回收情況的分析、對銷售費用的分析。通過分析，可以發現銷售過程中存在的問題，及時糾正偏差。

2. 採購與付款循環中的財務控制診斷

(1)採購業務是否與生產要求相符合。為此，應確認企業是否建立了相應的請購制度，購貨品種、數量、購貨價格、付款條件等是否經過批准、授權是否適當。

(2)有關憑證是否齊全和相符。這包括請購單、訂單、驗收入庫單、賣方發票是否齊全並相符，相關事項包括存貨與應付賬款是否被及時正確地予以記錄。

(3)授權核准。主要指付款是否經適當的授權核准。

(4)折扣控制。指的是購貨折扣是否具有相應的管理辦法和流

程，是否公開透明。

(5)稽核。主要指是否有專人對採購及付款事項及其記錄進行稽核。

診斷過程中應特別注意如下幾個問題：

(1)是否進行了適當的職責分離。採購與付款環節應進行分離的職務主要有：①請購與採購職責必須分離，通常的做法是：生產或銷售部門提出購貨申請，經批准後，由採購部門實施採購；②付款、批准付款的職責要與採購和詢價、定價的職責相分離；③採購與驗收職責相分離；④採購、保管與記錄職責相分離；⑤付款與核准付款相分離；⑥付款與記錄付款的職責相分離。

(2)是否有適當的授權審批制度並嚴格執行。採購與付款環節授權審批主要包括購貨的審批和付款的審批。購貨的審批包括購貨品種、數量、價格、付款條件等的審批。採購計劃通常由計劃部門根據客戶訂單或銷售預測與企業存貨狀況予以確定，採購合約應經授權人員簽字審批。採購貨款應由授權人員批准方可支付。

(3)是否進行了充分健全的記錄。憑證與記錄包括：請購單、採購合約、驗收入庫單、退貨單、付款憑證及相關賬目。憑證與記錄應按相應的流程與職責進行記錄或簽字，以明確相關人員的責任。

(4)是否建立了有效的核對制度。採購應由獨立的人員對採購業務的進行及其記錄進行核查，主要是對存貨記錄與應付賬款的記錄是否正確無誤進行核查。

(5)是否具有存貨的庫存清理制度。這裏的存貨清理制度指的是，定期清查存貨剩餘和與存貨使用部門核對存貨的供應狀況，以達到消滅或減少庫存積壓和滿足存貨使用需要的雙重目的。

(6)是否具有採購費用分析制度。採購費用分析制度是分析採

購費用的使用是否控制在限量之內,是否具有進一步壓縮的可能性。這一制度可促進採購費用的節約,提高採購效益。

3. 生產循環的財務控制診斷

(1)存貨是否由專人保管。

(2)材料是否按定額領用或經授權批准領用,手續是否齊全。

(3)存貨是否定期進行賬目核對,是否定期盤點,流程是否適當。

(4)材料計價方法是否適當。

(5)產品成本核算方法是否適當,核算是否準確。

診斷過程中應特別注意如下幾個問題:

(1)是否進行了適當的職責分離。生產循環的職務分離應包括以下內容:

①材料採購與驗收保管的職責要分離。

②生產計劃的編制與審批職責要分離。

③產成品與自製半成品的驗收入庫與生產製造要分離。

④產成品與自製半成品的保管與記錄職責要分離。

⑤存貨包括材料、半成品、產成品的盤點應有與存貨保管、使用及記錄不相關的部門或人員參與,不應由上述資產的保管、使用、記錄人員單獨進行。

(2)是否有適當的授權審批制度並嚴格執行。生產循環的授權主要包括:

①存貨的領用是否有適當的授權。存貨領用的授權通常有兩種情況,一種是一般領料授權,它適用於按照生產計劃與消耗定額實行的限額領料;另一種是特殊領料授權,它適用於超出生產計劃或消耗定額的生產領料以及其他用途的領料。一般領料的流程較為

簡單,通常當月一次授權即可,每次領料不需要單獨審批;而特殊領料的審批則相對嚴格,每次領用均需要辦理相應的審批手續。

②存貨接觸授權。即應限制對企業存貨的接觸,以保證存貨的安全完整。通常規定只有經過批准授權的人員才能進入企業倉庫,其他人員不得進入。

③存貨處置授權。即企業存貨的出售、報損、盤盈與盤虧等事項的處理及其賬目核算,必須經授權審批後方可進行。

(3)是否具有良好的存貨管理與控制制度。存貨管理與控制制度一般包括:

①存貨保管。存貨的存放與管理要有專人負責;收發手續要齊備;入庫單要連續編號,並據以記錄;材料毀損、變質要按固定流程處理。

②存量控制。即是否根據存貨需要量、相關成本預測以及訂貨週期等情況,建立存貨經濟批量管理和其他有助於提高存貨管理效益的制度;建立有存貨最低存量報警系統。

③存貨核算。企業應採用適當的存貨盤存方法(永續盤存制與定期盤存制),相關憑證與賬目記錄應合乎規範。

④盤點制度。企業是否有健全的盤點制度,盤點是否定期進行,有無適當的盤點計劃,盤點流程是否適當,是否經常出現較大差異。

(4)成本核算制度與辦法是否適當。這包括:

①存貨計價方法,即確認企業採用的存貨計價方法(個別識別法、加權平均成本法、先進先出法、後進先出法、成本與市價孰低法)是否適當。

②成本核算方法,包括確認企業採用的成本計算方法(品種

法、分批法、分步法)是否適當,是否符合生產特點及管理要求;
確認各項生產費用(包括直接材料、直接人工、燃料動力)及輔助生
產成本的分配標準與分配方法是否適當。

　　⑸是否建立了完善的記錄與核對制度。生產過程中的憑證與
記錄包括:生產通知單、領料單、產量記錄與出勤記錄、材料費用
分配表、薪資費用分配表、製造費用分配表、輔助生產費用分配表、
產品成本計算單、存貨盤點表及盤點報告、廢品報告單以及各相關
會計賬目。以上記錄由獨立的人員進行核查,以確認其採用的流程
及記錄是否正確無誤。

4. 籌資與投資循環的財務控制診斷

　　⑴是否進行了適當的職責分離。籌資循環的職務分離應包括
以下內容:

　　①籌資計劃的編制與授權審批的職責分離。

　　②股票與債券的發行與記錄、核算職責分離。

　　③股票與債券的發行、保管與記錄職責分離。

　　④利息或股利計算與支付職責分離。

　　⑵是否有適當的授權審批制度並嚴格執行。籌資業務的特點
決定了其審批流程的嚴格。通常,重大的籌資決策應事先編制詳盡
的計劃,內容包括:籌資的原因、時間、資金的用途、籌集方式及
其對企業贏利情況與財務狀況影響的分析等。該計劃應報公司董事
會討論批准,並形成書面文件,而後由財務部門進行具體籌劃。債
券與股票正式對外發行時,還應經董事會授權的高級管理人員簽
發。

　　⑶是否有嚴密的管理制度。債券與股票代表了持有者對企業
資產的要求權,故而在其發行前或已發行但未售出前,應視同現金

資產管理。股票和債券通常應委託專門機構保管。

(4)是否有健全的會計核算制度。債券或股票的發行、利息或股利的發放，以及債券的兌付等均應有完備的憑證和賬目核算。相關的憑證與賬目經常包括：債券或股票、債券契約、股東名冊、債券存根簿、承銷或包銷協定、借款合約或協定、股本明細表、應付債券明細表、債券溢折價攤銷明細表以及相關的會計賬目。

投資環節主要涉及授權審批、取得債券、股票或出資證明書、取得利息、股利或分配的利潤（現金或權益）、轉讓投資（包括債券、股票或其他投資）債券的到期兌付以及聯營投資到期收回等事項。

這一環節的關鍵控制點是：

①投資事項是否符合政策法規，是否進行了可行性研究，是否經適當的授權批准。

②有關投資合約或協定是否由專人妥善保管，是否定期盤點。

③聯營投資是否獲得了被投資單位開具的出資證明書。

④投資業務的執行是否按規定流程進行，相應權利是否確實為企業實際擁有。

⑤股票、債券及相關投資文件是否由專人負責保管或交由專門機構代管。

⑥是否有健全的憑證及會計記錄，其核算是否符合相應規範。

診斷過程中應特別注意以下幾個問題：

(1)是否進行了適當的職責分離。投資循環的職務分離應包括以下內容：

①投資計劃的編制與授權審批的職責分離。

②股票與債券的購入、轉讓或出售與記錄、核算職責分離。

③股票與債券的購入與保管職責分離。

④股票、債券的交易、保管與盤點職責分離。

(2)投資決策流程是否完備。投資活動與企業的日常經營活動相比，往往具有週期長、收益高、風險大等特點，有一些投資活動還關乎企業長遠發展的戰略問題，因此必須慎重對待。企業應建立完備的投資決策機制，以保證投資決策的最優化。

①投資項目的選擇。企業的投資項目，特別是重大投資項目是否切實經過科學合理的論證，是否經過高層管理者的充分討論和表決，預測、分析與可行性研究報告的流程是否健全，內容是否屬實，結論是否合理，有無對可能出現的風險予以應對的可靠措施。

②投資的授權審批制度。應考察企業是否有適當的授權審批制度並嚴格執行。投資業務的特點決定了其審批流程的嚴格。通常，重大的投資決策應事先編制詳盡的計劃，其內容包括：投資的目的、時間，投資規模，資金籌集方式，投資活動是否符合相關法規，對企業贏利情況與財務狀況的影響分析，對企業戰略目標的影響分析等。該計劃應報公司董事會討論批准，並形成書面文件，而後由財務部門進行具體籌劃。債券與股票正式對外發行時還應經董事會授權的高級管理人員簽發。

(3)投資資產取得是否有必要的控制制度

①證券經紀人的選擇是否具備相關資格，從業經歷與記錄是否良好；是否與經紀人簽訂合約，明確雙方的權利與義務，特別應規定經紀人的投資行為必須在委託人明確授權或指令的範圍內進行，如：購置證券的類別、最高限價、最低報酬率、授權或指令有效期限等等。

②經紀人是否按授權或指令行事，是否通過填報「成交通知書」(內容包括投資授權書文號或投資指令號、最高價格和最低報

酬率、證券名稱、數量、面值和實際成交價格、成交時間等)向委託人報告投資事項。

③證券成交書是否有專人進行審核，以保證其符合投資授權或指令。

④投資資產是否有嚴密的保管制度。投資資產的保管可以選用不同的保管方式：一是自管，二是託管。

自管是指由投資企業自行管理。在這種管理方式下，企業應建立完備的管理制度，至少由兩人共同控制。對於證券的存取應建立嚴格的流程，詳細登記日期、存取證券名稱、數量、價值等，並由相關人員共同簽字。企業還應建立定期賬目核對和盤點制度，檢查投資資產的安全與完整。盤點應由獨立於投資業務以外的其他人員進行(至少兩人)，並應編制盤點清單或記錄，確認資產是否確實存在，是否與帳面記錄相一致，是否確實為企業所擁有。一旦發現差異應及時報告並追查。

託管是指企業委託獨立的專門機構對投資資產進行保管。這些專門機構包括銀行、證券公司、信託公司等。這些機構有專業的保存與防護措施，有利於保證資產的安全完整。投資資產較大的情況下，通常會採用這種方式。其最大的優點在於，資產的保管與投資業務與記錄完全分離，可以最大限度地避免可能發生的舞弊行為。託管方式下的盤點應將託管機構送交的證券存放清單與證券登記簿和投資明細賬進行核對，確認其是否一致。

(4)是否有完整詳盡的會計核算。完整詳盡的會計記錄是進行資產控制的有效依據。企業對於每一投資事項都應進行準確詳細的核算。如：對每一種有價證券應分別設立明細賬，詳細記載其名稱、面值、數量、取得或出售日期、價格、金額、經紀人、收取的股利

或利息等；對於其他投資業務(聯營投資)也應分設明細賬單獨核算。

5. 現金預算的診斷

現金預算診斷的要點是：

(1)編制流程的診斷。應檢查企業財務預算的編制流程是否適當，內容是否齊全，各相關部門參與預算編制的程度如何。

(2)預算資料的診斷。要檢查預算編制的基礎資料來源是否可靠；企業現金預算中收入、支出數的預計依據如何；銷售數量、銷售價格、成本費用支出等關鍵指標的預計是否合理，是否與實際情況相符。這其中銷售數量的預計尤為重要，它是全部預算的起點，其預測的準確與否關係到整個預算的編制是否合理，是否能夠切實達到預期的控制目的。

(3)資料間關係的診斷。檢查現金預算中各相關資料之間以及現金預算與其他預算之間是否銜接；各部門的預算是否能夠保證不發生衝突，協調一致。

(4)現金餘缺的診斷。檢查現金餘缺的處置計劃(包括現金溢余時的投資或還款計劃以及現金不足時的資金籌措方案)是否適當，尤其要關注企業是否從動態上對預算期內的收入與支出進行平衡，避免出現某些時點上入不敷出。

(5)預算執行的診斷。檢查現金預算執行中及其執行完畢後是否有相應的檢查與控制，是否進行深入的分析，是否能及時發現問題並做出適當的處理，能否將分析結果反饋到下一期的預算之中。

(6)預算責任制度的診斷。檢查是否有相應的預算責任制度，尤其應強調各部門對其費用預算的執行、財務部門對其現金預算的制定與控制及其結果的責任；相關預算(如產品成本與各項費用預算)

指標是否進行了合理分解；預算期結束後是否對預算執行情況進行分析考核；是否有相應的獎勵或處罰措施。

　　財務診斷人員還可以通過一些財務指標對企業的資金週轉情況進行分析評價。這些指標包括：

　　⑴現金總收支比率

　　現金總收支比率＝現金總收入÷現金總支出×100%

　　理論上，從資金控制的角度看，該比值以 100%為最佳。這裏的總收入應包括現金預算出現資金不足時所進行的籌資，總支出包括現金預算出現溢余時的投資。

　　⑵營業收支比率

　　營業收支比率＝營業收入÷營業支出×100%

　　當該比率大於 100%時，表明企業的營業現金流入大於流出，資金相對寬鬆，甚至會產生溢餘，可以用來歸還債務或作適當投資；反之，當該比率小於 100%時，則說明當期營業現金收入小於成本費用支出，需由財務籌措資金補足。產生此種情況的原因極可能是經營上的入不敷出，也可能是由於銷售債權、存貨或其他資產的增加所致。

　　⑶應收賬款回收率

　　應收賬款回收率越高，表明企業資金週轉越快。

　　此外，還可以通過流動比率、速動比率、現金比率等反映短期償債能力的財務指標，對企業的資金週轉情況進行輔助分析。

　　6.資本預算診斷

　　⑴企業對市場競爭環境是否有充分的瞭解。首先是對市場競爭的一般特點和規律的瞭解；其次是瞭解現實的和潛在的競爭因素，如同業競爭的狀況及發展態勢，有無替代產品存在或可能出現

代用品，代用品可能對市場及市場競爭產生的影響等等。

(2)明確競爭範圍，認清競爭對手。在行業或產品領域確定的條件下，競爭的範圍主要是指地域範圍。企業面臨的選擇是：在企業所在地域內與本地企業競爭；在企業所在地域內與外地企業競爭；在企業所在地之外的地域與當地企業競爭；在企業所在地之外的地域與其他地區企業競爭。

企業應正確選擇競爭層次，確定競爭目標。競爭層次應根據企業自身研發、生產、技術、管理等方面的條件，考慮管理者的意向進行選擇。一般分為以下四個層次：一是以進入市場，謀求立足為目標；二是以能夠緊跟市場發展為目標；三是以能夠在市場具有影響力與挑戰力為目標；四是以成為市場的先驅為目標。

(3)瞭解、分析競爭對手。在競爭範圍和競爭層次確定的基礎上，應瞭解企業面臨的主要競爭對手，通過各種管道收集相關的各種有用資訊，瞭解其產品及其經營的特點，分析其優勢與缺陷，做到知己知彼。

(4)確定投資策略。根據以上的分析定位，確定適當的投資策略。如果競爭對手強大，企業自身條件較差，應著眼於產品或經營特色的開發與創新，避開競爭的鋒芒；當市場競爭相對平緩或是與競爭對手旗鼓相當時，則應在營銷策略上出奇制勝，如加強售中、售後的服務等；當企業處於競爭優勢時，應一方面在產品質量和服務方面加強管理，保持優勢，另一方面在研發、設備、技術等方面加大投入，避免被競爭對手趕超。

(5)集中力量，避免處處開花。一般而言，多數企業的資金都是有限的，為贏得在競爭中的優勢地位，企業應當集中財力、人力、物力，將其投放到對企業有戰略意義的方向上，真正提高企業的競

爭力。

(6)把握時機。市場競爭千變萬化，機會往往稍縱即逝，投資時機的把握是非常重要的。投資過早，可能環境、市場和其他條件不成熟，以致造成項目不能如期見效，甚至失敗，產生浪費或損失；投資延遲，則會喪失先機，使自身在競爭中處於劣勢。

(7)以整體利益為出發點，協同作戰。現代企業規模日漸龐大，企業集團、跨國公司層出不窮。面臨市場的競爭，企業進行投資決策時應當以集團整體利益為出發點，避免出現內部的自相競爭、無序競爭。

(8)及時根據情況的變化調整投資策略。市場情況千變萬化，企業應及時把握其變化動態，進行有效的調整，不能墨守成規，機械僵化。

(9)項目的現金流量估算是否全面、客觀。現金流量是進行投資決策的基礎，其估算的結果是否客觀、全面，很可能直接關係到方案的取捨。具體應從以下幾方面進行考察分析。

‧ 各項現金流量包括初始現金流量、營業現金流量和終結現金流量是否屬於決策的相關成本，其估算有無可靠的依據，是否進行了相關的調查、詢證。

‧ 是否考慮了機會成本。

‧ 所得稅稅率的選擇是否正確。

‧ 是否考慮了通貨膨脹的因素，尤其是時間跨度較大的投資項目，特別應當考慮這一因素。

(10)應用的決策方法是否適當。決策方法的選用關係到決策結果的精確與否，在某些情況下，甚至關係到決策結果的正確與否。通常在方案初選階段，可以採用投資回收期法和會計收益率法進行

篩選；在最終評價決策階段，則應選擇淨現值法、內部收益率法、獲利指數法等貼現的方法，特別是淨現值法。

診斷中，還應特別關注用於反映貨幣時間價值的貼現率的選擇是否適當。通常，貼現率可以有如下幾種選擇：

企業預期的資金成本率、企業可以接受的最低報酬率、社會平均資金利潤率，等等。

⑾是否進行了相應的風險分析與評價。所謂風險，是指投資項目的現金流量偏離其預期值的可能性或不確定性。偏離的程度越大，風險也就越大。一般而言，可以採用風險調整貼現率法和風險調整現金流量法來進行分析和決策。

⑿是否在定量決策的基礎上，綜合考慮了其他非貨幣或非量化因素。企業投資的決策與實施都是在複雜的社會、經濟、文化環境中進行的，不能僅僅依據定量分析結果進行決策，而需要結合各種非貨幣或非量化因素，進行多方面的綜合考慮與權衡。

心得欄

籌資方式的選擇

　　企業持續的生產經營活動，不斷地產生對資金的需求，需要籌措和集中資金；同時，企業因開展對外投資活動和調整資本結構，也需要籌集和融通資金。正確選擇籌資方式，就必須瞭解各種籌資方式自身的優劣。

一、案例

　　裕勝汽車製造公司是一個大型企業集團。公司現有 58 個協力生產廠家，1 個輕型汽車研究所和 1 個汽車工業學院。公司現在急需 1 億元的資金用於技術改造項目。為此，總經理鄭允浩於 1988 年 2 月 10 日召開由生產副總經理劉軍、財務副總經理李翔、銷售副總經理馬強、信託投資公司金融專家趙文海、研究中心經濟學家孫教授、大學財務學者王教授組成的專家研討會，討論該公司籌資問題。

　　總經理鄭允浩首先發言，他說：「公司技術改造項目經專家、學者的反覆論證已被正式批准。這個項目的投資額預計為 4 億元，生產能力為 4 萬輛。項目改造完成後，公司的兩個系列產品的各項性能可達到國際先進水準。現在項目正在積極實施中，但目前資金

不足，準備在 1988 年 7 月籌措 1 億元資金，請大家討論如何籌措
這筆資金。」

　　生產副總經理劉軍說：「目前籌集的億元資金，主要是用於投
資少、效益高的技術改造項目。這些項目在兩年內均能完成建設並
正式投產，到時將大大提高公司的生產能力和產品品質，估計這筆
投資在投產後 3 年內可完全收回，所以應發行 5 年期的債券籌集資
金。」

　　財務副總經理李翔提出了不同意見，他說：「目前公司全部資
金總額為 10 億元，其中自有資金為 4 億元，借入資金為 6 億元。
自有資金比率為 40%，負債比率為 60%。這種負債比率在處於中等
水準，與世界發達國家相比，負債比率已經較高了。如果再利用債
券籌集 1 億元資金，負債比率將達到 64%，顯然負債比率過高，財
務風險太大。所以，不能利用債券籌資，只能靠發行普通股股票或
優先股股票籌集資金。」

　　金融專家趙文海卻認為：目前金融市場還不完善，投資者對股
票的認識尚有一個過程。因此，在目前條件下要發行 1 億元普通股
股票十分困難。發行優先股還可以考慮，但根據目前的利率水準和
市場狀況，發行時年股息率不能低於 16.5%，否則無法發行。如果
發行債券，因要定期付息還本，投資者的風險較小，估計以 12%的
年利息率便可順利發行債券。

　　研究中心的孫教授認為：目前經濟正處於繁榮時期，汽車行業
可能會受到衝擊，銷售量可能會下降。在進行籌資和投資時應考慮
這一因素，否則盲目上馬，後果將是十分嚴重的。

　　公司的銷售副總經理馬強認為：治理整頓不會影響該公司的銷
售量。這是因為該公司生產的輕型貨車和旅行車，幾年來銷售情況

一直很好，暢銷 29 個省、市、自治區，市場上較長時間供不應求。
1986 年汽車滯銷，但該公司的銷售狀況仍創歷史最高水準，居領
先地位。在近幾年汽車行業品質評比中，輕型客車連續奪魁，輕型
貨車兩年獲第一名，一年獲第二名。馬強還認為，治理整頓可能會
引起汽車滯銷，但這只可能限於質次價高的非名牌產品，該公司的
幾種名牌汽車仍會暢銷不衰。

　　財務副總經理李翔補充說：「該公司準備上馬的這項技術改造
項目，由於採用了先進設備，投產後預計稅後利潤率將達到 18%左
右。」所以，他認為這一技術改造項目仍應付諸實施。

　　大學財務學者王教授聽了大家的發言後指出：以 16.5%的股息
率發行優先股不可行，因為發行優先股所花費的籌資費用較多，把
籌資費用加上以後，預計利用優先股籌集資金的資金成本將達到
19%，這已高出公司稅後資金利潤率，所以不可行。但若發行債券，
由於利息可在稅前支付，實際成本大約在 9%左右。他還認為，目前
正處於通貨膨脹時期，利息率比較高，這時不宜發行較長時期的具
有固定負擔的債券或優先股股票，因為這樣做會長期負擔較高的利
息或股息。所以，王教授認為，應首先向銀行籌措 1 億元的技術改
造貸款，期限為 1 年，1 年以後，再以較低的股息率發行優先股股
票來替換技術改造貸款。

　　財務副總經理李翔聽了王教授的分析後，也認為按 16.5%發行
優先股，的確會給公司造成沉重的財務負擔。但他不同意王教授後
面的建議，他認為，在目前條件下向銀行籌措 1 億元技術改造貸款
幾乎不可能；另外，通貨膨脹在近 1 年內不會消除，要想消除通貨
膨脹，利息率有所下降，至少需要兩年時間。金融學家趙文海也同
意李翔的看法，他認為 1 年後利息率可能還要上升，兩年後利息率

才會保持穩定或略有下降。

二、診斷分析

企業持續的生產經營活動,不斷地產生對資金的需求,需要籌措和集中資金;同時,企業因開展對外投資活動和調整資本結構,也需要籌集和融通資金。企業籌集資金需要通過一定的管道,採用一定的方式,並使兩者合理地配合起來。籌資方式是指企業籌措資金所採取的具體形式,體現著資金的屬性。認識籌資方式和種類及每種籌資方式的屬性,有利於企業選擇適宜的籌資方式和進行籌資組合。

企業籌集資金的方式一般有以下幾種:吸收直接投資;發行股票;銀行借款;商業信用;發行債券;發行融資券;租賃籌資。

一般來講,對於較大型的股份公司,尤其是股票公開上市的大中型股份有限公司,通常都把在金融市場上發行有價證券作為非常重要的籌資管道。而且,股份公司與其他類型企業組織在籌資上最大的不同就是:股份公司可以發行的有價證券的種類及數目大大超過其他類型的企業組織。例如,股份公司可以發行普通股、優先股、可轉換優先股等股票,也可以發行債券(公司債);而非股份公司的企業組織只能發行債券,不能發行股票,並且發行債券的數量也要受到嚴格控制。

在選擇籌資方式時,除了針對企業本身的性質和特點,還要看所選擇的籌資方式其自身的優缺點。根據案例中的方式,分別加以闡述。

1. 銀行貸款

銀行貸款的優點:

⑴為中小型企業籌集資金提供了可靠的途徑。中小型企業由於其自身實力及名氣遠不如大企業,因此,它們很難在社會上籌集到長期資金,但只要這類企業的信用程度足以令銀行願意貸款,銀行都能給予解決;

⑵借貸雙方可以面對面地協商契約,手續簡便,既能讓雙方達成滿意的條款,又可為籌資企業減少籌資費用——銀行貸款的籌資費用通常比其他方法籌資而發生的費用少;

⑶銀行貸款的利息可以計入成本,在稅前扣除,從而可以減輕企業的稅收負擔;

⑷銀行貸款可讓企業充分考慮財務杠杆作用,因為銀行貸款借入資金的利息固定不便(或者說事先可以確定),如果企業預期收益率高於銀行貸款利息率時,借入銀行貸款也就預知能提高主權資本的收益率。

銀行貸款的缺點:

⑴銀行貸款的借貸契約有非常嚴格的規定。例如目前國內銀行的長期貸款一般都需要以資產作抵押,且嚴格規定自有資本與借入資本的比例,這對公司的舉債能力限制極大。

⑵籌資公司必須按期還本付息。雖然一般長期貸款分期付款規定有助於籌資公司的現金週轉,但每次付款時,如果公司拿不出足夠的現金,那麼公司就有破產倒閉的可能。

2. 債券融資

企業長期債券融資的有利之處是:

⑴付息成本低。由於債券受限制性條款的保護,安全程度高於

股票,所以長期債券的利息支出成本低於股票的股息成本。還有,債券的利息是在所得稅前支付,有抵所得稅的好處,而股票則是在所得稅後支付,顯然債券的稅務成本低於股票的稅後成本,因此,債券為企業提供了低成本的資本來源;

⑵發行成本低。債券的發行成本一般低於股票的發行成本;

⑶債券融資不會稀釋企業的每股收益和股東對企業的控制;

⑷長期債務的風險小於短期債務。長期資金為企業提供了比短期資金更高的流動性,企業可以有充分的時間安排本金的償付,還在一定程度上降低企業破產的風險。

企業長期債券融資的不利之處是:

⑴財務風險加大。長期債券的增加會使企業的財務風險和破產風險增大,也因而使企業的總資本成本增加;

⑵各種保護性條款會使企業在股息策略、流動資本和融資決策等方面的靈活性受到限制;

⑶企業需要大量的資金來源以滿足固定利息支出和償債基金等固定現金流出的需要。

3.發行優先股

企業發行優先股的好處是:

⑴優先股與債務不同。企業可暫時不支付股息。雖然不支付股息會影響企業的形象,但並不會影響企業的籌資活動。發行優先股對現金流量和收益變動較大的企業最有利;

⑵優先股沒有到期日。優先股的收回由企業決定,企業可以在有利的情況下收回優先股,因此可提高企業財務的靈活性;

⑶優先股不會稀釋普通股的每股收益和表決權。由於優先股股息固定,若投資收益高於優先股成本,普通股收益將上升,且優先

股股東沒有表決權，不會影響普通股股東對公司的控制權；

⑷發行優先股使企業權益資本增加，為將來發行新的債券創造條件，從而可以提高企業進一步籌資的靈活性。

優先股籌資的不利因素是：

⑴發行優先股的籌資成本高。優先股和股息是在所得稅稅後支付，無法抵消所得稅，從而，優先股的稅後成本高於債券；

⑵對於擴張型企業而言，由於優先股股息支付的固定性，企業不能多留利潤以滿足進一步擴大再生產的需要，對這些企業而言，發行普通股更可取，尤其是在債務資本易獲得時，發行普通股和債券對企業更有吸引力。

4. 發行普通股

從公司角度看，普通股籌資的優點是：

⑴普通股票並不確定付給股東固定的收入，因此公司沒有固定支付股息的義務；

⑵普通股票沒有固定的期限，它不必像債券那樣到期還本，因此沒有償債的壓力；

⑶發行普通股票增加公司的權益資本，降低財務風險，普通股票對債權人來說是一種緩衝器。普通股票的出售可以提高公司債務的信用程度，提高債券等級，降低債務籌資的成本，並且可以進一步提高公司利用債務的能力；

⑷如果一個公司具有良好的收益能力，且有很好的成長性，則普通股票比債券更易發行；

⑸普通股票以資本收益形式獲得的收益的所得稅比其他形式收益的所得稅要低。

發行普通股的缺點是：

⑴普通股票的籌資成本高於債券的籌資成本。債券的利息是在所得稅前支付，普通股票持有者的收益是在所得稅之後，且投資普通股票的風險高於債券，投資者要求的收益率也高，因此，普通股票的資本成本高；

⑵出售普通股的同時，也把選舉權出售給了新股東，這時可能會發生公司控制權的轉移，公司的經理要謹慎考慮，避免喪失對公司的控制權；

⑶對公司的老股東來說，發售新股票會稀釋公司的每股收益；

⑷發行普通股的發行費用比其他債券高，主要是因為調研權益資本投資的費用高，以及推銷費用大。

綜合以上分析，再考慮裕勝汽車製造公司的實際情況，技術改造項目應該付諸實施。因為該公司銷售狀況一直很好，市場上較長時間供不應求，新項目投產後，將大大提高公司的生產能力和產品品質。引進項目的資金如何解決，結合市場及政策，採取組合籌資的方式，即增發一部份普通股，以增加企業權益資金，也為進一步舉債籌資提供條件，另外的部份可以採用銀行借款的方式，因為可以通過協商解決期限、利率的問題。至於優先股，由於其成本太高，應該放棄。

三、解決方案

從經濟角度看，發行股票是一種很好的籌資形式。由於普通股籌集的資金沒有固定的支付義務，它使企業在銷售和收入減少時不會受到太大的損害。如果企業在困難的一段時期負有固定的支付義務，這種義務可能會使一個困難重重的企業被迫重組或破產。

　　如果運用大量債務，則會加大商業上的波動。企業增加債務會加大公司的財務風險，債權人會要求增加風險補償，從而增加企業的支付負擔，困難時期的企業可能會更加困難，利率的增長抑制企業的投資，也會影響企業的進一步籌資，增加企業的經營困難，進而影響整個經濟的波動，引發經濟危機。

　　企業可以採用的籌資方式主要有 7 種，即：吸收直接投資；發行股票；銀行借款；商業信用；發行債券；發行融資券；租賃籌資。

　　利用債務籌資由於其利息可以在稅前扣除，因此實際上有抵稅作用，而股票籌資由於不用還本，且股息支付靈活，是一種可取的籌資方式。

　　裕勝汽車製造公司可以發行 5000 萬元的普通股，發行 3000萬元債券，其餘 2000 萬從銀行借貸。

心得欄

9

購置與租賃分析

　　在投資方案的決策中，是購置花費的成本高還是租賃花費的代價大，本例將採用時間價值計算方法，通過比較兩者的年均成本來做出投資結論。

一、案例

　　樂津飲料公司生產的產品是易開罐水果飲料，生產過程為連續性生產，由於受北方氣候環境的影響，公司的生產經營也有旺季和淡季之分。目前公司財務主管面臨著一個問題。

　　飲料公司所在地 100 公里以外的一個叫黑山鄉的地方，有一股一年四季長流不息的山泉，過去誰也沒有把這放在眼裏。2001 年，黑山鄉方圓幾十里的山泉流域區定為旅遊區，從而引來了四面八方的觀光客。後來，經有關部門的水質分析鑑定，認為該山泉不僅符合飲用水標準，而且水中還含有多種人體生長所需要的微量元素，有開發的經濟價值。

　　2002 年初，黑山鄉引進外資，購置了山泉水瓶裝生產線，在當地建立了經營山泉水的企業。由於該企業的瓶裝能力遠遠小於純淨山泉水的自然資源提供量，使這一寶貴的自然資源白白流失。為

了使這一天然資源為鄉裏的經濟發展提供財源，黑山鄉購置了十輛水罐車向附近地區的企事業單位運送廉價泉水。但由於附近地區的企業多半處於停產和半停產狀態，泉水的需求量有限，每天充其量只需要 4 輛就足夠了，閒置的 6 輛車形成了資金的閒置。因此，當黑山鄉得知果汁飲料公司開發罐裝山泉水品種時，就主動向飲料公司提出轉讓水罐車或租賃水罐車的意向，並提出了轉讓的優惠價和租金標準。公司責成財務部去認真研究這個問題。

財務主管劉先生擔當了研究這個項目的主角。他首先瞭解了相關信息：如果購置車輛的話，按飲料公司的產量需求，要保證山泉水供給，需要購置一輛水罐車，按照黑山鄉的標價，每輛車 8 萬元，其價格低於市場價的 5%。每輛水罐車每年的運行支出為：油料費 2400 元，養路費 800 元，車輛使用稅 480 元，司機月工資 1000 元，車輛保養費 1600 元，車輛保險費 1200 元，其他費用為 2000 元；如果租賃的話，按季承租水罐車每季租金 15000 元（含司機工資以及各項費用支出），由於公司為飲料生產企業，生產經營有旺季和淡季之分，公司淡季為 6 個月，但租金要在年初支付，同時銀行長期貸款年利率為 8%。

二、診斷分析

投資決策指標是評價投資方案是否可行或孰優孰劣的標準。長期投資決策的指標很多，但可概括為貼現現金流量指標和非貼現現金流量指標兩大類。

非貼現現金流量指標是指不考慮資金時間價值的各種指標。這類指標主要有如下兩個：

(1)投資回收期:投資回收期是指回收初始投資所需要的時間,一般以年為單位,是一種使用很久很廣的投資決策指標。

(2)平均報酬率:平均報酬率是投資項目壽命週期內平均的年投資報酬率,也稱平均投資報酬率。

貼現現金流量指標是指考慮了資金時間價值的指標,這類指標主要有如下三個:

①淨現值:投資項目投入使用後的淨現金流量,按資本成本或企業要求達到的報酬率折算為現值,減去初始投資以後的餘額,叫淨現值。在只有一個備選方案的採納與否決策中,淨現值為正者則採納,淨現值為負者則拒絕,在有多個備選方案的互斥選擇決策中,應選用淨現值為正值中的最大者。

②內部報酬率:內部報酬率又稱內含報酬率,是使投資項目的淨現值等於零的貼現率。內部報酬率實際上反映了投資項目的真實報酬。在只有一個備選方案的採納與否決策中,如果計算出的內部報酬率大於或等於企業的資本成本或必要報酬率就採納;反之,則拒絕。在有多個備選方案的互斥選擇決策中,應選用內部報酬率超過資本成本或必要報酬率最多的投資項目。

③獲利指數,又稱利潤指數,是投資項目未來報酬的總現值與初始投資額的現值之比。在只有一個備選方案的採納與否決策中,獲利指數大於或等於 1,則採納,否則就拒絕。在有多個方案的互斥選擇決策中,應採用獲利指數超過 1 最多的投資項目。

結合本案例進行分析:公司若購置水罐車,每年的運行支出為:$2400 + 800 + 480 + 1000 \times 12 + 1600 + 1200 + 2000 = 20480$(元)

按該車跑滿 30 萬公里計算,車的運行年限為 6 年,淨殘值為

5000 元，按銀行長期貸款年利率 8%作為資金時間價值標準，計算如下：

①計算車輛運行支出的總現值

＝80000＋20480×（P/A，8%，5）＋15480×（P/F，8%，6）＝
80000＋20480×3.9927＋15480×0.6302

＝171525（元）

②車輛運行支出的平均年成本

＝171525/（P/A，8%，6）＝37103（元）

租賃分析：水罐車每季租金 15000 元，飲料公司每年只需租用 2 季，則每年租金支出為 30000 元。

①計算租金總現值

＝30000＋30000×（P/A，8%，5）

＝149781（元）

②計算按後付年金序列組成的租金平均年成本為：

（P/A，8%，6）＝32400（元）

兩種方案比較：從表面上看，購置方案優於租賃方案（不足三年的租金可購置一輛水罐車）；但通過以上分析可以發現，租賃方案的平均年成本為 32400 元，低於購置方案的平均年成本 37103 元，如選擇租賃方案，每年可相對節約 4703 元。

三、解決方案

評價投資方案的指標可以概括為貼現現金流量指標和非貼現現金流量指標。非貼現現金流量指標不考慮資金時間價值，主要有投資回收期和平均報酬率；貼現現金流量指標考慮了資金的時間價

值,主要有淨現值、內含報酬率和獲利指數。

結合案例進行分析,購置車輛運行支出的總現值為 171525 元,平均年成本為 37103 元;承租水罐車租金總現值為 149781 元,租金的平均年成本為 32400 元,因此,應當選擇租賃方案,每年可相對節約 4703 元。

10

企業利潤診斷

一、企業利潤的常見問題

企業利潤形成過程中存在很多問題,常見的有:

1. 收不抵支,虧損過多,導致「紅字」破產

企業有贏利,淨資產就增加;企業虧損過多,淨資產就減少。

如果一個企業經營不善連年虧損,淨資產就會連年減少。虧損額越多,淨資產流失就會越多,最後可能導致無力經營而破產。虧損過多是企業致命的第一因素。

2. 贏利但週轉困難,導致「黑字」破產

贏利企業按其贏利水準,可分為高利企業、中利企業和微利企業。高利企業是指資金利潤率較高,超過社會平均水準的企業;中利企業即一般贏利企業,資金利潤率等於或略低於社會平均水準的

企業；微利企業是指資金利潤率很低，其利潤額只能用於企業自身發展需要，無力繳納所得稅，實際上處於虧損邊緣的企業。

贏利企業按其發展狀況，可分為正常發展的贏利企業和盲目發展的贏利企業。正常發展是指有緩有急、穩紮穩打的階段式發展；盲目發展是指只知冒進，不知穩定成果，只見利潤，不思風險的直線發展或急劇發展。正常發展企業屬於健康企業；盲目發展的企業，輕者將滑向收縮型企業，重者將成為病危企業。

許多企業雖然利潤表中有贏利，但由於這些利潤很難變現，所以導致企業資金流轉困難，最終使企業因無法開展正常的生產經營活動而倒閉。

贏利企業資金週轉困難主要有以下原因：

· 盲目賒銷，應收賬款過多；

· 盲目購置固定資產；

· 庫存過多。

二、企業利潤構成與趨勢的診斷

1. 利潤構成的診斷

利潤構成的診斷實際上是對利潤質量的分析過程。企業的收益是由不同部份組成的，每個部份對於贏利的持續性和重要性不一樣。企業的利潤按不同標準可以分為：主營業務利潤與其他業務利潤、稅前利潤與稅後利潤、經常業務利潤與偶然業務利潤、經營利潤與投資收益、資產利潤與杠杆利潤等等。這些項目的數額和比例關係，會導致利潤質量的不同。通過對利潤構成的診斷，診斷人員可以瞭解企業目前經營狀況，預測企業未來的發展趨勢。

(1)營業利潤與非營業利潤的診斷

一個公司的營業利潤應該遠遠高於非營業利潤（如投資收益、處置固定資產收益等）。營業活動是公司賺取利潤的基本途徑，代表公司有目的地取得成果。除了專業投資公司以外，一般企業對外投資的主要目的不是取得投資收益，而是為了控制被投資公司，以取得銷售、供應等方面的協同效應。如果企業對外投資是為了賺取投資收益，不如讓投資者自己去直接投資，還可以減少交易費用。

至於通過處置固定資產取得收益，更不是公司購置固定資產的目的。依靠非經營收益來維持較高的利潤，是不正常的，也是沒有發展前景的。與營業利潤相比，非營業利潤較高的公司，往往是在自己的經營領域裏處於下滑趨勢，市場佔有率減少，只好在其他地方尋求收益，例如股票市場、債券市場或期貨市場，而這種市場的風險是很大的，影響因素複雜，收益很難保障。因此，企業若要獲取長期、穩定的收益，必須在主營業務上有所建樹。診斷人員應當計算營業利潤與非營業利潤的比例關係，如果一個公司的非經營利潤佔了大部份，則可能意味著公司在其所處行業中處境不妙，需要在其他方面尋求收入以維持收益，這無疑是危險的。

(2)經常業務利潤和偶然業務利潤的診斷

偶然業務利潤屬於偶然事件發生而取得的一次性利潤，這種利潤是沒有保障的，不能期望它經常地、定期地發生，不能作為公司贏利的手段長期存在，因此而獲得的收益不能代表企業的贏利能力。經常性業務收入因其可以持續地、重覆不斷地發生而成為收入的主力。診斷人員應當計算經常業務利潤和偶然業務利潤的比例關係，如果企業的偶然業務利潤比例較高，則說明其收益質量較低。

(3)內部利潤和外部利潤的診斷

內部利潤是指依靠企業生產經營活動取得的利潤，它具有較好的持續性。外部利潤是指通過政府補貼、稅收優惠、因其他企業違約收取的罰款或接受捐贈等從公司外部轉移來的收益。外部收益的持續性較差。診斷人員應當計算內部利潤和外部利潤的比例關係，如果企業的外部收益比例較大，則說明其收益的質量較低。

2. 利潤趨勢的診斷

利潤發展趨勢是指在未來的一定時期內，企業利潤發展的態勢。一般來講，企業會對自己將來可能獲得的利潤有一個預測目標，這是企業各種目標中的主要指標，企業的所有生產經營活動都要圍繞這一目標而展開。利潤發展趨勢的診斷與治理，就是對企業利潤的走向作出判斷，評價企業的利潤預測是否科學，並向企業提出有利於利潤健康發展的建議。

(1)利潤目標的診斷

利潤是由產品銷售利潤、其他銷售利潤和營業外收支淨額所組成。產品銷售利潤是企業利潤的主要組成部份，確定目標利潤主要是確定產品銷售的利潤目標。企業規劃利潤目標的過程，實際上是對其銷售、成本、利潤等進行預測、分析、決策的全過程，應當按一定的步驟和方法進行，這是正確確定利潤目標的前提。

診斷人員需分析企業確定利潤目標的步驟和方法是否正確，判斷企業的利潤目標是否符合企業實際情況。具體的診斷步驟和方法是：

①分析企業利潤目標理想值的合理性。

即根據市場情況和受診企業幾年來利潤增減的趨勢，結合受診企業歷史先進水準，參考同行業先進水準，分析受診企業計劃期利

潤目標的理想值是否恰當，有無盲目制訂過高目標或私自降低企業未來獲利能力的情況。

②測算計劃期可能實現的利潤數是否與企業利潤目標基本一致。

診斷人員可以根據受診企業的實際情況和已掌握的資料，選用下列方法來測算計劃期可能實現的利潤數額。

a.本量利分析法。用本量利分析法來測算利潤，就是通過對產品的產銷量、成本和利潤三個變數之間的關係來測算利潤。

b.線性規劃法。線性規劃法要解決的是對企業現有的人力、財力和物力資源如何合理安排，才能發揮它們的最大效用，獲得最多的利潤。

線性規劃法的運用步驟是：首先找出目標函數和約束條件，然後列出數學方程式，並計算求解。目標函數就是希望實現最多利潤的數學運算式，是一個極大值；約束條件是生產中的人、財、物等方面的限制條件，也用數學公式表示。

例如，某廠生產甲、乙兩種產品，該廠總的生產能力為 540 工時，可供使用的庫存材料為 300 千克，生產每個甲產品和乙產品分別需要 6 工時和 9 工時，需用材料分別為 6 千克和 4 千克。甲、乙產品出售後單位利潤分別是 10 元和 15 元，要求測算如何安排該廠兩種產品的生產，才能獲得最多利潤。

解：設甲、乙兩種產品各生產 X 件和 Y 件，可得到最多利潤 S。根據已知資料，可列方程組如下：

$6X+9Y \leq 540$ ⋯⋯⋯⋯⋯⋯⋯⋯⋯⋯⋯①

$6X+4Y \leq 300$ ⋯⋯⋯⋯⋯⋯⋯⋯⋯⋯⋯②

$S=10X+15Y$ ⋯⋯⋯⋯⋯⋯⋯⋯⋯③

解方程組，得到當 X=18 件，Y=48 件時，可得到最多利潤 900 元。

根據以上兩種分析方法，診斷人員可以大致估算出企業計劃期可能實現的利潤額，將此利潤額與企業的利潤目標進行比較，如果二者確有較大差距，診斷人員應會同企業的利潤目標制訂部門進一步分析原因，從而判斷企業利潤目標的合理性與恰當性。

③分析企業完成利潤目標的相應措施是否適當。

診斷人員應當檢查企業在產量、質量、成本、銷售等方面是否採取了合理的改進措施，是否恰當地挖掘了企業內部潛力，以保證目標利潤的完成。

(2)利潤計劃的診斷

利潤目標是企業制訂利潤計劃的主要依據，利潤計劃則是利潤目標的具體化。財務診斷人員對目標利潤進行診斷後，應當進一步診斷利潤計劃。

利潤計劃的診斷內容包括長期利潤計劃的診斷和年度利潤計劃的診斷。

①長期利潤計劃的診斷。

長期利潤計劃一般是指計劃期三至五年較長時期的利潤計劃。它是企業長期經營計劃的綜合目標和出發點，也是長期經營計劃成果的綜合反映。長期利潤計劃的診斷一般可從其所需資料是否符合要求，編制的方法、步驟是否正確等方面來診斷。

a.分析長期利潤計劃所需資訊資料能否滿足要求。

長期利潤計劃是企業未來一個較長時期內的主要行動綱領，與年度利潤計劃相比，制訂它所需要的資訊具有一系列的特徵。

診斷人員在對長期利潤計劃進行診斷時，就是要首先分析企業

的長期利潤計劃所需要的資訊資料，是否符合了上述「四性」的要求，有無多餘的資料或短缺的重要資訊影響了企業的長期利潤計劃。

b. 檢查制訂長期利潤計劃的方法與步驟是否正確。

檢查企業是否確定了初步利潤目標。企業長期計劃的利潤目標，不是短期目標的簡單匯總，而是對企業經營有關因素在預測的基礎上確定的。因此，診斷人員應當判斷，企業制訂的長期利潤計劃的利潤目標是否充分考慮了各種環境條件的變化、市場對產品的需要，以及可能出現的各種風險及其對策。

檢查企業確定的長期利潤目標是否經過了綜合平衡。企業在將初步利潤目標變為正式利潤目標，並制訂出長期利潤計劃的過程中，必須對影響長期利潤目標的各因素進行綜合平衡。診斷人員對此要進行如下檢查：

· 是否符合經濟的發展方向和戰略目標。

· 是否在動態上平衡。只有根據影響長期利潤目標的各影響因素的發展變化情況進行綜合平衡，才能使長期利潤目標及其計劃切實可行。

· 是否區別了可控因素和不可控因素。一般來說，外部因素是企業不可控因素，企業內部因素是可以控制的。因此診斷人員要檢查企業在進行綜合平衡時，是否首先處理可控因素，計算其對利潤目標的影響後，再考慮不可控的外部因素的影響。

· 是否提出了提高利潤的各種途徑。即檢查企業在綜合平衡中，是否以改進措施為基礎預測利潤的未來情況；檢查企業此階段預測的未來利潤與初步利潤目標是否一致。如果不一

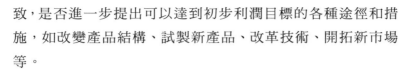

致，是否進一步提出可以達到初步利潤目標的各種途徑和措施，如改變產品結構、試製新產品、改革技術、開拓新市場等。

②年度利潤計劃的診斷。

年度利潤計劃是計劃年度的行動綱領，也是企業長期計劃的具體化和實現的保證。年度利潤計劃的診斷一般可從其內容和方法兩方面進行診斷。

a.分析年度利潤計劃的內容是否全面完整。

年度利潤計劃包括商品產品銷售利潤計劃、其他銷售利潤計劃、營業外收支計劃和利潤率計劃等。商品產品銷售利潤計劃是確定企業在計劃期內銷售產品的利潤數額，是企業利潤總額的主要組成部份；其他銷售利潤計劃是確定企業銷售多餘材料、非工業性作業等其他銷售業務所取得的利潤數額；營業外收支計劃是與企業的生產經營沒有直接聯繫的各項收入和支出的計劃。這三項計劃確定的都是利潤的絕對額指標。診斷人員要分析每項利潤計劃是否涵蓋了該計劃應包括的所有利潤項目，內容是否全面完整。利潤計劃除了絕對指標——利潤總額外，還包括相對指標——企業的計劃利潤水準，即利潤率計劃。

b.評價編制年度利潤計劃的方法是否恰當。

產品銷售利潤是利潤總額的主要組成部份，產品銷售利潤計劃是利潤計劃的核心。診斷人員應著重評價產品銷售利潤計劃的編制方法，企業的產品銷售利潤計劃經常按產品種類編制和按成本習性編制。

三、企業利潤指標的診斷與治理

1. 運用銷售毛利率進行利潤診斷

銷售毛利是指企業銷售收入扣除銷售成本之後的差額，它是企業利潤創造的起點，也是企業向利益相關的各方分配現金流的起點。銷售毛利可以在一定程度上反映出企業生產環節的效率高低。銷售毛利率是指銷售毛利與銷售收入的對比關係，被廣泛用來估算企業獲利能力的大小。

一般而言，管理費用（含研發費）、營業費用，具有一定的剛性，企業在一定的經營範圍和規模內，這些費用不會隨著企業的生產量或者銷售量而改變，利息費用也是較穩定的，與生產量或者銷售量無關。企業的毛利首先應補償近乎不變的期間費用、利息費用，才能為所有者創造利潤。

因此，企業如沒有足夠大的毛利率，就很可能陷入虧損狀態。較高的銷售毛利率，則預示著企業獲取較多利潤的把握性比較大。銷售毛利率的計算公式為：

銷售毛利率＝（銷售毛利÷銷售收入）×100%

該公式可理解為，每百元銷售收入能為企業帶來多少毛利。

診斷人員在運用銷售毛利率進行利潤診治時，應當注意：

(1)銷售毛利率也是企業產品定價政策的指標基礎。不同行業之間有時毛利率會有很大差別。企業為了增加產品的市場佔有率，也會採取薄利多銷政策，從而使企業銷售毛利率偏低。

(2)銷售毛利率指標有明顯的行業特點。一般說來，營業週期短、固定費用低的行業毛利率水準比較低，如商品零售行業；營業

週期長、固定費用高的行業，則要求有較高的毛利率，以彌補其巨大的固定成本，如重工業企業。

因此，在分析企業的毛利率時，診斷人員要結合企業所處的行業特徵，將企業的毛利率與企業的目標毛利率、同行業平均水準及先進水準企業的毛利率加以比較，正確評價企業的贏利能力，並分析差距及其產生的原因，提出提高贏利能力的途徑。

(3)正確分析銷售毛利率變化的原因。如果毛利率減少的原因是產品單位銷售價格下降，並且是由於行業中生產能力過剩的必然結果，而企業管理當局對此事缺乏戰略性補救措施，診斷人員應給出消極的評價。如果毛利率減少的原因是單位成本的增加，診斷人員還可得出比較樂觀的評價，因為這至少說明企業所處的行業還沒有陷入全面衰退的困境，尚有通過改善管理，提高銷售毛利率的可能，診斷人員下一步就應當會同企業管理當局研究降低成本的途徑。

2. 運用銷售淨利率進行利潤診斷

銷售淨利率，是指企業實現的淨利潤與銷售收入的對比關係，用以衡量企業在一定時期的銷售收入獲取利潤的能力，其計算公式為：

銷售淨利率＝（淨毛利÷銷售收入）×100%

該公式可理解為每實現百元銷售收入最終給企業帶來多少利潤。銷售淨利率低，表明企業經營管理者未能創造出足夠多的銷售收入業績，或未能控制好成本費用，或者兩方面兼有。一般來說，銷售淨利率越高越好，說明企業贏利能力強。

診斷人員在運用銷售淨利率進行利潤診治時，應當注意：

(1)關注淨利潤的構成。由於淨利潤中包含波動較大的營業外收

支淨額和投資收益，該指標年際之間的變化相對較大，因此診斷人員不應只注意淨利潤絕對額的各年變化，而應結合淨利潤的內部構成進行分析，以正確判斷企業的贏利能力。例如，如果本期銷售淨利率的升降主要是營業外項目（例如企業出售了一個營業分部或處理了一批固定資產）起著很大影響作用，就不能簡單認為是企業管理水準提高了或是下降了。

⑵單個自身企業銷售淨利率的高低，並不能說明什麼問題，必須將這一企業與行業內的其他企業相比較，才能說明這個企業經濟效益的好壞。因此，在運用該指標對企業進行分析時，一定要注意將企業的個別銷售淨利率指標與同行業的其他企業進行對比分析。

⑶從銷售淨利率的公式可以看出，企業的銷售淨利率與淨利潤成正比關係，而與銷售收入額成反比關係。因此，診斷人員應注意分析企業銷售收入額的增加，是否與淨利潤的增加同步，以使得銷售淨利率保持不變或有所提高。

3.運用資本金利潤率進行利潤診斷

資本金利潤率，是指淨利潤與企業所有者投入資本的對比關係，用來表明企業所有者投入資本賺取利潤的能力，其公式為：

資本金利潤率＝（淨利潤÷資本金總額）×100％

運用資本金利潤率進行利潤診斷的主要目的是：

⑴檢查、判定投資效益。資本金利潤率分析是檢查、判定企業投資者投資效益好壞的基本指標，是進行投資決策的基本依據。

⑵檢查、評價企業管理者的經營管理工作。資本金利潤率的高低，是企業管理者經營管理工作好壞、效率高低的集中反映，通過資本金利潤率分析，投資者可以檢查、評價企業管理者經營管理工作的好壞。

(3)考核、檢查所有者資本保值增值的能力。贏利是企業資本保值增值的最基本方式，一定時期企業利潤額的多少，是考核、檢查所有者投入企業資本保值、增值程度的基本指標。

診斷人員在運用資本金利潤率進行利潤診治時，應當注意：

(1)資本金利潤率反映了投入資本的獲利水準，並非企業每期實際支付給所有者的利潤率，兩者是不一樣的。企業取得了利潤淨額後，需按規定提取公積金等，不能全部用來作為股利分配，所以實際支付給所有者的利潤比利潤淨額少；但不論實際支付給所有者的利潤還是按規定提取的公積金，都歸所有者所有，它們的總和反映著企業的利潤水準，所以要用資本金利潤率反映投入資本的獲利水準。

(2)資本結構對指標使用的影響。資本金利潤率是從企業所有者投入資本角度來考察企業的贏利能力，在利用該指標作不同企業、不同時期的分析比較時，要注意各企業、各時期的資本結構是否大體一致，否則不宜進行橫向或縱向的比較。

例如，A 和 B 兩個企業某期實現利潤數額大體一致，運用資本總量也接近，但資本結構相差較大，其中 A 企業以所有者投入資本為主，B 企業借入資本比重很大。在這種情況下，計算出來的資本金利潤率會懸殊很大，如果就此下結論說 B 企業贏利能力較 A 企業更強，就不符合實際情況了。

4. 運用淨值報酬率進行利潤診斷

淨值報酬率，亦稱所有者權益報酬率或淨資產收益率，是指企業淨利潤額與平均所有者權益之比，該指標表明企業所有者權益所獲報酬的水準，其計算公式為：

淨值報酬率＝(淨利潤÷所有者權益平均值)×100%

式中，所有者權益也就是企業的淨資產，其數量關係是：

所有者權益＝資產總額－負債總額

　　　　＝實收資本＋資本公積＋盈餘公積＋未分配利潤

所有者權益平均值＝（期實所有者權益＋期末所有者權益）÷2

　　對於淨資產，一般取期初與期末的平均值。但是，如果要通過該指標觀察分配能力的話，則取年度末的淨資產額更為恰當。

　　所有者權益報酬率是從所有者權益角度考核其贏利能力，該指標與資本金利潤率的差異僅在於兩者分母涵蓋的範圍不同。資本金利潤率使用所有者權益中最基本、最主要的內容——實收資本，而所有者權益報酬率則使用所有者權益總額。

5.運用總資產報酬率進行利潤診斷

　　企業進行生產經營活動必須以擁有一定的資產為前提，資產的結構要合理地配置，並要有效運用。企業在一定時期佔用和消耗的資源，同時獲取的利潤越大，則企業所佔用資產的贏利能力越強，經濟效益越好。資產贏利能力分析可以衡量資產的運用效益，從總體上反映投資效果，這對企業管理當局和投資者來說，都是至關重要的資訊。投資者關心的是公司的資產贏利能力是否高於社會平均的資產利潤率和同行業的資產利潤率。如果企業的贏利能力長期低於社會平均贏利能力，不僅無法再吸引投資，而且原有的投資也會轉移到其他行業或其他企業。

　　反映公司資產贏利能力的主要指標是總資產報酬率。

　　總資產報酬率，也稱總資產利潤率，是指企業一定期間內實現的淨利潤額與該時期企業平均資產總額的比率，其計算公式為：

　　總資產報酬率＝（淨利潤÷總資產平均值）×100%

　　公式的直觀經濟含義是每一元資產能創造的淨利潤額，它是反

映企業資產總和利用效果的指標。總資產報酬率指標越高，表明資產利用的效益越好，利用資產創造的利潤越多，整個企業贏利能力越強，財務管理水準越高。

反之，總資產報酬率越低，說明企業資產的利用效率不高，利用資產創造的利潤越少，企業的贏利能力也就越差，財務管理水準也越低。該比率的分子是淨利潤，淨利潤屬於所有者；其分母則使用了總資產，而總資產是由所有者和債權人共同所有的。這使得該比率的分子、分母的計算口徑不一致，而其原因在於企業資本結構的影響，即如果企業的資本由單一的權益資本構成，就不會存在該比率分子、分母的計算口徑的不一致了。因此我們需要找到一種剔除資本結構影響，使分子與分母的計算口徑一致的方法。

診斷人員在運用總資產報酬率進行利潤診治時，應當注意：

(1)總資產報酬率集中體現了資金運動速度與資金利用效果之間的關係。從該指標的計算公式可以看出，企業資金運動速度快，必然資金佔用額小而業務量大，表現為較少的資產投資能夠獲得較多的利潤。通過總資產報酬率分析，能使企業管理者形成一個較為完整的資產與利潤關係的概念：企業要想創造高額利潤，就必須重視「所得」和「所費」的比例關係，合理使用資金，降低消耗，避免資產閒置、資金沉澱、資產損失浪費、費用開支過大等不合理現象。

(2)總資產報酬率的高低反映了企業經營管理水準的高低和經濟責任制的落實情況。企業經營管理水準高，通常表現為資產運用得當，費用控制嚴格，利潤水準高；反之則是經營管理水準低下的表現。通過總資產利潤率的分析，可以進一步考察各部門、各生產經營環節的工作效率和質量，分析企業內部各有關部門的責任，促

使企業提高生產經營和經濟效益。

　　⑶保持分析的連續性。僅僅測算一個企業某一年的總資產報酬率，往往很難對該企業的贏利能力作出全面評價。通常需測算連續幾年的總資產報酬率指標，才能取得足以作出對企業準確評價的結果。如果能夠獲得同行業的有關資料，將不同企業若干年的總資產報酬率指標進行對比，則可進一步提高分析的質量。

11

成本管理的診斷與治理

一、成本診斷的流程

1. 指標對比，揭露矛盾，發現問題

　　即把受診企業成本指標的實際數與成本計劃比較，與企業自定的目標成本比較，檢查成本計劃的完成情況。衡量企業成本管理水準的高低，不能只看成本降低絕對額的大小，關鍵要看成本效率的提高情況，即把企業的產值成本率、成本利潤率等成本指標與同行業的先進水準比，找出差距，正確評價企業成本水準和成本管理的現狀，為診斷和改進企業的成本管理工作，降低成本指明方向。

2. 調查研究，瞭解情況，掌握資料，核實整理

　　通過第一步工作，為成本管理診斷初步確定了方向和目標。在

此基礎上，診斷人員還必須掌握大量資料和情況，對資料要進行核實、分析和歸類，以得出正確的結論。

3. 按照成本管理工作的順序，結合各方面的工作進行分析和評價

成本管理工作的順序是：成本預測、成本決策、成本計劃、成本的日常控制、成本核算、成本考核、成本分析。按這一順序，診斷人員結合產品設計、技術、物資供應、生產、銷售、工作薪水、行政等各方面工作進行分析評價。進一步對企業的成本水準和成本管理進行評價，看目標成本和成本計劃是否先進合理並切實可行，檢查措施是否具體、有效。在這一步工作中，要特別注意對成本預測、決策和成本計劃這三項工作的分析和評價。

4. 查明原因，分清責任，提出改進措施

對成本管理中的成績和問題，診斷人員要查明原因，分清責任，以便提出相應的措施，發揚成績、糾正問題。

5. 修改完善改進成本管理工作的具體措施，提出實施辦法

在診斷過程中，診斷人員應及時把診斷的情況向企業領導和有關部門通報，並在他們的主動協助下做好工作，共同修改，完善加強成本管理工作的措施和辦法，並廣泛徵求廣大職工的意見，為改進成本管理、降低成本打下牢固的基礎。

6. 寫出成本管理診斷報告

上述各項工作完成後，即可著手編寫成本管理診斷的報告。

二、成本診斷的方法

1. 成本預測內容的診斷

成本預測內容的診斷包括成本計劃制定階段以及實施過程中成本預測的診斷兩方面。

(1)成本計劃制定階段成本預測的診斷。在制定戒本計劃階段，診斷人員應認真分析企業是否合理預測了計劃期的目標成本，預測了降低成本的潛力，為制定成本計劃提供了科學依據。同時，是否通過對各種計劃方案的成本進行測算、分析和比較，為正確評價各種方案和選擇降低成本的最優方案提供了依據。

(2)成本計劃實施過程中成本預測的診斷。為了順利實施成本計劃，實現成本目標，加強成本的日常控制，在成本計劃貫徹執行中必須進行成本預測。在這一階段，診斷的主要內容有三個方面：

①結合日報生產經營管理，分析預測單位產品成本水準的變動趨勢。

②分析企業是否在生產預測的基礎上，進行期中成本預測，找出了與目標成本的差距，並採取相應的措施，以保證成本計劃的完成。

③分析受診企業是否在企業的生產經營規劃中，運用成本指標對各種生產經營方案和各項技術經濟工作進行預測、評價和優選。在新建、擴建、改建中，企業是否預測了建設工程成本和產品設計成本，作為優選方案的主要依據。在技術組織措施工作中，企業是否用更新改造項目成本指標預測了更新改造資金的使用效果，是否用新產品的設計和技術成本預測了新產品開發和舊產品改造的經

濟效益。

2. 成本預測流程的診斷

⑴受診企業是否確定了成本的預測目標。企業只有明確了成本預測目標，才能有目的地搜集資料，選擇預測的方法，使預測的結果符合客觀未來的變動趨勢。

⑵受診企業是否進行了一定的調查研究，搜集了相關的資料。檢查企業是否瞭解市場需要量、企業產品的市場佔有率、國內外的競爭價格、企業的目標利潤和同類產品的成本水準，企業是否掌控歷年的成本資料、各種消耗情況和技術改造措施計劃等。

⑶受診企業是否選擇了適當的預測方法，建立了預測模型來進行預測。企業應當根據成本目標和歷史資料的推算，先預計能否實現成本目標。如不能實現，有多少差距；為了縮小差距，可採取那些措施；對這些措施，企業應通過數學公式測算對成本的影響數額。然後，找出多種降低成本、實現目標成本的可行方案。

⑷受診企業是否分析、考慮了非計量因素的影響，修正了預測值。影響成本的因素很多，而且不少因素是無法用數據來計量和測算的。因此，診斷人員要檢查企業是否運用定性預測方法，對定量預測的結果進行了必要的修正。

⑸受診企業是否詳細制訂了實現成本目標的具體措施。成本預測是確定成本目標和選擇達到成本目標最佳途徑的重要手段，是動員企業所有職工，用最少的人力、物力和財力消耗來完成既定任務的過程。採用什麼方法來進行預測，是做好成本預測的關鍵。診斷人員要熟練掌握各種預測方法的實質、具體做法、優缺點和適用範圍，指導企業選用正確合理的成本預測方法。

3.編制成本計劃的診斷

在診斷中，診斷人員要認真檢查下列資料的來源是否可靠，有資料的要分析其計算過程及其計算是否正確。

(1)評價、分析成本計劃內容的完整性。診斷人員在對成本計劃進行診斷時，應首先檢查企業的成本計劃是否完整。一般而言，完整的成本計劃應包括以下內容：

①生產費用預算。這是按生產費用要素確定的企業計劃期內進行生產所發生的全部生產費用。

②主要產品單位成本計劃。按照上級規定的主要產品品種，企業應當對每個品種編制一份單位成本計劃，它是按成本項目反映的計劃期內某種產品的單位成本水準和有關技術經濟指標的變化情況。

③全部商品產品成本計劃。它規定了可比產品、不可比產品和全部產品的成本水準，並確定可比產品比上期的降低額和降低率。在計劃中，可按產品類別和成本項目兩種方式來反映。

④工廠經費和企業管理費計劃以及按一定方法分配這些費用的表格。

⑤降低成本的有關措施方案。

(2)分析、評價編制成本計劃的基礎資料是否齊全和准確。在成本計劃內容完整的情況下，診斷人員要進一步檢查企業編制成本計劃的基礎資料的齊全性和準確性。一般而言，編制成本計劃應搜集、分類和整理好下列資料：

①企業生產、供應、銷售、技術等方面的實際和計劃資料。

②對成本進行預測和決策的有關資料，企業確定的目標成本、設計成本等資料。

③各種產品成本的歷史資料。

④上期成本計劃執行情況和成本分析資料。

⑤材料、能源物資消耗定額、勞動定額和費用定額等有關技術經濟定額的資料。

⑥廠內計劃價格、勞務價格和各部門的費用預算。

⑦國內外同類企業同類產品的成本資料。

⑧廣大職工對降低成本、加強成本管理的有關意見和建議。

4.分析、評價編制成本計劃的步驟和方法

對成本計劃的編制，不是一次就可以完成的，必須經過反覆測算，才能完成。因此，診斷人員應當對編制成本計劃的步驟和方法進行分析與評價。一般而言，診斷內容如下：

⑴企業是否搜集、分析和整理了各種基礎資料。

⑵企業是否檢查和修訂了各項消耗定額。

⑶企業是否通過成本預測確定了計劃期的目標成本。

⑷企業是否找出了影響計劃期成本升降的各項因素，並採用因素測算法進行成本的試算平衡，測算各因素對成本的影響數額，進一步修訂了目標成本。

⑸企業是否按成本發生的部門和廠房，對目標成本進行分解，擬定了各部門、廠房、班組成本的控制指標。

⑹企業內各部門、廠房和班組是否討論了自己的成本控制指標，編制了各自的成本計劃，並制定了確保成本控制指標實現的措施。

⑺企業是否審批了各單位的成本計劃，並進行了綜合平衡，編制了全企業的成本計劃。

5. 成本責任控制的診斷

　　成本計劃實施的關鍵是成本責任的落實，成本責任能否落實在於組織的落實。在成本計劃執行情況的診斷中，首先要分析成本計劃是否落實到有關執行單位和個人，各執行單位和個人有無切實可靠的具體措施確保成本計劃的完成。前面已述，通過成本計劃指標的逐項逐級分解，把實施成本計劃的經濟責任和各項管理工作就落實到各個部門、廠房、班組，甚至個人。這些做法就稱為成本的分級歸口管理。「分級」就是廠部、廠房、班組、個人對成本的管理；「歸口」是指各職能部門對成本的管理。通過分級歸口管理，使企業從上到下都明確自己在成本管理中的具體任務和應承擔的經濟責任，把自己的工作與完成成本計劃緊密聯繫起來，產生自我約束、自我控制成本的積極性、主動性和創造性，保證成本計劃有秩序、有成效地開展。

6. 成本計劃實施控制流程和方法的診斷

　　受診企業應當從以下幾個方面對企業成本計劃實施控制的流程和方法進行診斷：

　　(1)檢查企業是否確定了合理的控制標準。控制成本的標準很多，如在成本預測和決策中測算的目標成本，成本計劃分解後具體的計劃成本，各項平均先進的材料、能源、工時、費用等消耗定額、限額和開支標準以及預算，內部先進合理的材料計劃價格等，都是控制成本的標準。診斷人員應當檢查企業有無成本控制標準，並評價標準的合理性。

　　(2)檢查企業是否控制了成本形成的過程，是否揭示了成本差異，有無將各項成本標準與實際耗費相比較，找出差距，總結經驗，並作出相應的改進工作。具體地講，要著重檢查以下幾個方面：

①企業是否建立了嚴格的各項耗費的審批制度。每筆成本耗費在發生前，企業都應經過本單位和有關職能部門的審批，審查耗費的合法、合理性，看其是否超過定額、限額等標準，對於審查合格的耗費，才允許其發生。因此，診斷人員要檢查企業是否對於各項耗費都建立了嚴格的審批制度，這些審批制度是否真正得到了貫徹執行。

②企業是否建立了時刻跟蹤成本形成的核算體系。企業應當選擇適合自己的產品成本核算方法，以正確計算成本。在進行產品成本核算的同時，必須進行責任成本的核算，以每個部門、廠房等責任單位和責任者為核算對象，核算他們各自成本責任的承擔情況，把成本耗費的實際發生情況及其與標準的差異及時計算出來，使有關責任單位和責任者能採取相應措施，消除偏差，促使產品成本按既定的方向發展。現實工作中，很多企業因為手工核算成本速度慢而將電子電腦應用到成本控制中來，建立起隨時跟蹤生產經營活動的動態成本核算體系，及時提供大量成本資訊，迅速反饋給有關責任者，採取措施，解決標準與實際的偏差，不斷改進工作，實現高速、有效的現代化成本管理。因此，診斷人員要檢查企業對於成本的形成是否建立了嚴密的追蹤核算體系，原始憑證、記賬憑證以及電算化核算體系是否健全，核算是否及時、準確。

③企業是否建立了績效報告反饋制度。診斷人員應查看企業是否制訂了各成本責任單位報送績效的內容、時間和形式的業績報台制度，是否將成本實際發生情況迅速回饋給各級指揮部門，各級指揮部門是否正確指導和改進了成本計劃的實施工作，修改了不完善、不先進的成本控制標準。

④企業是否建立了成本分析制度。廠部、廠房、班組等單位都

應建立成本分析制度，對成本計劃的實施情況進行分析，肯定成績，揭露矛盾，明確責任，挖掘潛力。因此，診斷人員要檢查企業內部各單位是否建立了相應的成本分析制度，這些制度是否真正貫徹執行。

⑤企業是否建立了成本預測制度。成本預測建立在班組經濟核算的基礎上，並同經濟責任制相結合。其方法一般按成本項目進行預測。

7. 事後成本控制的診斷

很多企業往往將成本控制的重點放在成本形成的過程中，即進行事中成本控制，而忽略了事後成本控制。實際上，成本控制工作應當貫穿於成本形成的全過程，也就是說，成本控制應當包括事前控制、事中控制和事後控制。

因此，診斷人員在成本控制的診斷過程中，還應檢查企業是否建立了嚴格的考核和獎懲體系。嚴格考核、獎懲分明是成本控制系統順利運轉的動力和生命，也是順利執行成本計劃的保證。企業內部各級各部門都應當建立定期的考核制度，把各級組織和每個人執行成本計劃的績效與薪資、獎金等切身利益緊密掛鈎，建立獎罰分明的制度。

8. 成本制度的診斷

成本管理制度是組織和處理各項成本管理的規範和行動準繩，是實施有效成本管理的保證。在進行成本管理的診斷過程中，診斷人員應當對企業的成本管理制度進行相應的檢查。

⑴檢查企業成本管理制度的內容是否全面完整

一個企業完整的成本管理制度應當以責任制為核心，建立包括成本預測和決策制度、成本計劃的編制方法、各級成本核算制度、

成本報表、成本分析和報告制度、成本考核和獎懲制度、成本崗位責任制等等在內的一整套管理控制制度。此外，還必須制訂和健全與人、財、物的利用和消耗有關的制度，例如，財產物資的收發、清查等管理制度；材料、人工、費用的定額管理制度；企業內部價格的制訂和計算方法；計量驗收制度；勞動定員和薪資管理制度；品質管制制度；職工培訓制度；設備利用和管理制度；產品設計制度；技術經濟論證制度；生產技術管理制度；費用開支規定和審批制度，等等。

(2)檢查企業成本管理制度的統一性和適用性

診斷人員應當正確區分企業的成本管理制度，對於屬於統一規定的成本管理制度，要檢查企業是否遵照執行了，有無違背情況或未經有關部門批准而擅自變更的情形；對於屬於企業自訂的成本管理制度，要檢查企業是否符合有關法律、法規、條例，這些成本管理制度是否適用企業的實際情況。

(3)檢查企業成本管理制度的嚴肅性

制定成本管理制度是一項嚴肅的工作，必須積極慎重。因此，診斷人員應當深入企業內部，採用調查詢問的方法，檢查企業在制訂制度之前，制訂人員是否深入基層進行了調查研究，並進行了試點，在總結經驗，吸取教訓的基礎上才制訂了相關制度。檢查成本管理制度在制訂後，企業是否認真落實執行了，成本管理工作是否在有條不紊、高效率地進行。

(4)各檢查企業是否正確處理好發展變化和相對穩定的關係

成本管理制度隨著企業生產發展、經營情況的變化，應當及時地加以修訂補充，否則，就會妨礙生產的發展和群眾積極性的充分

發揮。但成本管理制度又不能朝令夕改、經常變動，否則大家無所適從，造成混亂和損失，成本管理制度在一定階段內應是相對穩定的。

　　經過一段時間的執行，發現確有需要修改、完善之處，也要反覆研究、討論，才能修改。在新的制度沒有建立以前，原有的制度仍應執行，不能輕易廢止，以免無章可循，影響生產和工作。因此，診斷人員在進行成本管理制度的診斷時，應仔細檢查企業成本管理制度的一貫性和適用性，注意檢查制訂的成本管理制度與實際的成本管理工作有無脫節的現象。

 心得欄 _

_ _

_ _

_ _

_ _

_ _

12

產品生產成本的診斷與治理

一、材料成本的診斷

材料費用即材料成本，在生產成本中佔有較大的比重，材料費用有可能約佔生產成本的 70%，加強對材料費用的控制，對降低產品成本具有重大意義。

材料成本歸於供應部門控制。供應部門會同生產計劃部門、財會部門編好兩項計劃：一是編制既能保證材料供應，又不出現積壓的材料採購計劃；二是工廠、部門按月制定材料耗用計劃。兩項計劃經領導批准後均由供應部門負責執行。通過材料成本診斷，協助企業找出材料採購和使用中的問題，採取一系列節約材料費用的措施和方法。

1. 分析和評價採購成本

材料採購成本包括材料買價和採購費用兩部份。採購費用包括運雜費、運輸途中的合理損耗以及因整理挑選而發生的費用等。在對採購成本進行分析評價時，一般可以從下列幾方面進行：

(1)檢查財務部門和供應部門制訂的採購計劃成本和價格差異率，檢查供應部門是否經濟合理地組織了材料供應工作，在保證材料質量的前提下，確定了採購的經濟批量和不超過規定的價格差異

率。

(2)檢查材料採購人員是否制定和實施了經濟責任制，查看採購記錄，檢查採購人員在採購過程中是否做到貨比三家，採購的材料是否價廉物美。

(3)查看採購運輸路線和運輸方式，分析採購過程中是否合理降低運輸費用，對運輸途中損耗超過定額的部份，應進一步查明原因，檢查是否已經要求責任者賠償。

2.逐一分析產品設計和製造全過程的材料耗用情況，分部門、分階段監控材料費用

(1)追蹤檢查企業是否在不斷改進產品設計，並採用了先進技術和新材料。產品設計是為了生產新產品或改進舊產品而進行的生產技術準備工作。設計是否合理，不僅關係到產品質量的好壞，而且關係到材料使用的多少。企業要在保證產品質量的前提下，通過簡化產品結構減輕產品重量來節約物資消耗，並應當採用資源多、價格低的新型材料或代用材料代替稀缺材料和貴重材料。

生產技術是為製造產品而制訂的加工操作方法，它對材料的節約也有很大的影響。用新技術代替不合理的舊技術，改善下料技術和材料加工方式，提高材料利用率等，都可以減少材料消耗。

(2)審查企業材料的定額、限額和材料審批的管理。材料消耗定額和限額既是確定材料成本計劃指標的基礎，也是對材料消耗進行日常控制的主要依據。企業應根據生產任務，區別不同材料，控制生產過程中的材料消耗。在審查企業材料的定額、限額和審批管理制度時，應著重從以下幾方面入手：

①檢查企業對原料及主要材料是否分廠房、分產品、分零件、分工序制定消耗定額；對主要輔助材料、技術用燃料和動力、修理

用備件等是否按產量、設備等一定的對象制定消耗定額。

②檢查企業對勞保用品和生產工具是否按定額供應,並實行以舊換新制度。

③檢查企業對零星、不常用的輔助材料是否以金額進行控制,是否實行限額領料的辦法。在規定的限額內,品種可以靈活掌握,但領用的材料不得超過規定的總金額。

④檢查企業是否實行了嚴格領料的審批制度。供應部門是否設立了材料審核員,一切材料的領用,是否經過審核員審查無誤後,倉庫保管員才據以發料。對超過定額、限額的材料領用,是否首先查明了原因,分清了責任,經過了嚴格的批准手續後才給予補領材料。

(3)檢查企業是否具有控制材料整理準備過程中的消耗措施。原料及主要材料大都是在生產過程開始時集中下料或配料的,因此,加強對材料整理準備階段的管理,是執行定額用料的基本環節。為了便於供應部門控制投料,不少企業的下料廠房劃歸供應部門領導。下料廠房要作出規定,採取措施,採用合理套裁、科學配料、集中下料等辦法,盡可能減少邊角廢料和切削餘料,提高材料利用率。

(4)檢查企業是否做好廢舊材料的回收、複用工作。有的材料投入生產使用後,可以回收,多次使用。此外,在生產中不可避免地會產生一部份廢舊料。對這些舊料的回收、複用,企業也應制定一定的制度,落實到部門和個人。因此,要檢查企業內部是否專設廢舊料倉庫,由專人管理,對廢舊料是否採用了原物修復、修理改制、綜合利用、計價出售等處理辦法,做好了材料的回收復用、修舊利廢、綜合利用工作。

3.檢查運輸和儲存過程中的材料消耗

要合理降低材料消耗量，除了控制生產過程中的消耗，還應控制運輸和儲存過程中的材料消耗。對購進的材料，要由材料驗收員嚴格執行驗收制度，檢斤計兩，認真辦理材料驗收手續。對於合理的自然損耗和途中損耗，可以作為採購費用處理。因此，診斷人員對於運輸和儲存過程的材料消耗也要認真予以審查。檢查企業有無超過合理範圍的大量損耗或因責任事故造成短缺的現象，驗收員對此是否查明原因，明確責任，提出了相應的處理意見，各相關責任部門或個人是否進行了賠償。

企業的材料倉庫應當針對不同材料的性質和包裝情況，採用適當的方法合理裝卸、科學堆放、妥善保管，防止丟失、毀損、變質和不合理的損耗。財務診斷人員要檢查每個倉庫是否制定出材料正常損耗率和盈虧率，並下達給各保管員負責執行，檢查企業是否定期對倉庫進行盤點和全面清查，檢查實際盈虧情況，有無改進倉庫管理工作。

二、薪資成本診斷

薪資總額是在一定時期內支付給職工的薪資總數，薪資總額的大部份都要計入產品成本。薪資成本的診斷也應從這兩方面著手。

1.分析定員和勞動定額，審查薪資基金計劃

企業薪資成本的多少決定於職工人數的多少和勞動效率的高低。要控制薪資費用，首先必須控制勞動力的數量和使用，實行先進合理的勞動定額和編制定員。

勞動定額，就是規定生產單位產品應該耗用多少時間或在單位

時間內應該生產多少產品，這是生產中勞動時間耗費的標準，是監督勞動效率的依據。

編制定員，就是企業為了完成一定的生產任務必須配備的各類人員的數量，這是用人的科學標準，也是有計劃、合理地安排勞動力的依據。

正確確定勞動定額和定員編制，是正確編制薪資計劃的前提，也是加強薪資成本管理的基礎。企業的勞動薪資部門應會同生產、計劃、技術部門，根據企業的生產任務、現有人員和技術裝備等條件，制定既先進又合理的勞動定額和定員編制。

以先進合理的定額為依據，使定員建立在先進技術、充分挖掘勞動力的基礎上。薪資計劃，是企業控制成本中薪資費用的依據。

在勞動定額和編制定員的基礎上，可以結合生產任務和薪資標準，編制按季分月的薪資基金計劃。

在對薪資成本進行診斷時，診斷人員就應當對上述的勞動定額、職工定員和薪資基金計劃進行審查，檢查分析有無虛增虛列的現象，有無繼續壓縮的可能性和合理性。

2.分析企業薪資指標的落實，控制薪資基金支出

薪資基金計劃由勞動薪資部門負責組織執行。勞動薪資部門對各個工廠下達薪資指標及有關職工人數、出勤率、勞動生產率等勞動指標。工廠再向班組下達出勤率、勞動定額完成率等指標。

因此，診斷人員應當爭取勞動薪資部門和財務部門的密切配合，檢查企業是否認真執行了薪資政策、勞動薪資制度和批准後的薪資基金計劃，是否監督薪資支出，合理降低了薪資費用。

3.評價薪資指標和勞動生產率的考核、分析工作

診斷人員會同企業的勞動薪資部門、財會部門，分析勞動定

額、定員和薪資基金的執行情況，考核企業勞動生產率是否在提高，有無不合理的缺勤工時、停工工時和非生產工時，檢查企業是否採取一定措施，控制單位產品的工時消耗，消除出工不出動的不良現象，並對企業如何合理安排勞動力，提高勞動生產率，充分發揮薪資的效用提出一些建議。

三、製造費用的診斷

製造費用是指企業為生產產品和提供勞務而發生的各項間接費用。由於它不能直接歸屬於成本對象，因此應先通過「製造費用」帳戶來歸集，然後按照一定的分配標準分別計入各個成本對象。

製造費用的核算包括兩個步驟，即製造費用的歸集和製造費用的分配。為了使製造費用的計算相對準確，除了設置必要的明細賬戶核算和歸集製造費用外，對於製造費用的會計確認、計量和分配必須遵循受益原則，把各項經濟資源的耗費能夠準確地分配到相應的成本對象上。

製造費用診斷的主要方法是，查閱製造費用明細賬，將其與有關記賬憑證、原始憑證等進行核對，檢查賬證是否一致，檢查製造費用的開支範圍是否符合財經法規及企業財經制度的規定，並檢查製造費用的歸集、分配及賬務處理是否正確。

1. 檢查製造費用項目的合法性

根據財務會計制度的規定，查閱有關原始憑證及記賬憑證，檢查計入製造費用的項目是否確屬企業內部各生產單位(廠房、分廠)為組織和管理生產所發生的生產管理人員的薪資、福利費，生產單位房屋、建築物、機器設備等的折舊費等製造費用支出。

2. 檢查製造費用的歸集

查閱製造費用明細賬及相關原始憑證、記賬憑證，檢查各生產單位發生的生產管理人員的薪資、職工福利費、折舊費、辦公費等是否按照規定歸集在製造費用帳戶。具體地講，應著重檢查以下三個方面：

(1) 對於一些雖然在本期付款但應由本期和以後各期共同負擔的費用，檢查企業是否按照受益原則，通過「待攤費用」帳戶將其合理地在各個期間分攤；對於一些本期已經受益但尚未實際付款的費用，檢查企業是否通過「預提費用」帳戶，將本期受益的部份作為本期的費用。

(2) 對於固定資產折舊費，檢查企業是否採用了科學的方法預計使用年限和淨殘值，並選擇了與固定資產實際使用情況相一致的折舊方法計提，特別是對於那些受科技進步影響較大的固定資產，是否考慮了無形損耗，採用了加速折舊的方法。

(3) 對於固定資產修理費用，是否嚴格區分了維護固定資產生產能力的日常維修，以及提高固定資產效能和延長使用壽命的更新與改良的界限。如果屬於日常維修而發生的支出，企業應當將其列入當期的費用，而如果屬於固定資產的改良而發生的支出，企業應當將其列入固定資產價值，以便在將來固定資產使用期間，分期通過計提折舊的方式計入各期製造費用。

3. 檢查製造費用的分配

查閱製造費用分配表，結合與製造費用明細賬、記賬憑證等記錄的核對，檢查製造費用分配標準是否合理，分配率及分配額計算是否正確。為了將製造費用合理而準確地分配給企業本期所生產的各種產品，對於能夠區分的費用項目是否添置了必要的計量器具，

如水錶、電錶或其他容器，盡量區分為各種產品耗用的費用，並直接計入各產品生產成本，從而減少了製造費用分配的隨意性。確實無法具體辨認的各項共同費用，是否選擇了一個或幾個能夠反映受益情況的適當指標作為製造費用分配的標準，從而避免了主觀隨意性，使得各種產品所分配的數額與其受益情況相符合。

心得欄

企業信用風險的診斷與治理

　　一個企業最大的財產就是它的客戶，同時最大的風險也來自於他的客戶。很多企業的破產，都是由於其客戶倒閉或違約而引起的壞賬損失所造成的。對企業信用的診斷，首先要瞭解企業是否具有對客戶信用風險防範的機制。客戶信用風險防範就是診斷人員通過對客戶的財務及非財務資訊進行搜集、分析，並按客戶償債能力制定信用限額，按照客戶的信用等級與信用限額，對客戶信用進行管理的一種客戶風險防範方法體系。

　　對客戶信用風險的診斷，要求診斷人員分步驟進行。

一、第一步：分析客戶信用的不良徵兆

　　在通常情況下，客戶發生信用危機之前會有一些不良的徵兆表現出來，有可能是在組織結構管理、財務資金調度、經營效益或者產業前景等方面產生了不利的因素。因此，企業在與客戶往來時，一旦發現有異常情況，就應引起高度的重視，對異常現象進行分析和進一步的調查，並將其作為企業信用危機的預警信號，予以高度重視。

　　下列是客戶經常出現的幾種信用不良徵兆：

(1)出售不動產。就一般企業而言，除非有特殊原因，否則不會輕易將手中的不動產出售。經營者在處理其名下的不動產時，大多是因為公司資金週轉困難，借貸無門，為了維持目前的營運狀況，才會以賣出不動產的方式來解決問題。診斷人員遇到此類情況應儘快查明事實真相，以便作出相應的判斷。

(2)負責人官司纏身。訴訟是耗時又傷財的事，如果企業敗訴，有可能涉及巨額賠償，將會影響到企業今後的業務發展。診斷人員應對客戶訴訟案件給予足夠的重視。

(3)企業或企業負責人有欺騙行為或企圖。信用是企業延續生存的命脈，企業或企業負責人如果有欠稅、逃漏稅或者是仿冒等不良記錄，必將影響企業的信用，增加未來交易中的風險。

(4)企業發出或接受的訂單量超出正常數值。經常往來的客戶，除季節性變化外，全年銷售額應不會發生很大的變化。如果客戶的訂貨量有異常情況的增減，診斷人員一定要探究其原因，密切注意該企業負責人是否有潛逃意圖，或者有囤積商品、轉賣、欺詐的可能性。

(5)企業臨時急於交貨，要求提前付款。若經常往來的供應商有固定的交貨期，卻突然急於交貨、收款，這通常是企業資金週轉不靈的徵兆，可能該企業在財務上出現了困難，診斷人員對此應引起高度重視。一般情況下，企業大多注意買方的信用，擔心對方是否能夠及時付清貨款。但事實上，賣方的交貨信用亦應加以留意。如果賣方發生財務危機時，可能會倒閉停工，這將會連帶影響買方的正常作業，也可能因此而延誤了買方與下家的合約，引起惡性循環，造成本企業的信用出現危機。

(6)企業高價購進原材料。如果排除該項原材料特別緊俏的因

素，客戶卻願意高價或現金購買原材料，診斷人員應查明該客戶是否因信用不良，導致其供應商不願再賒銷。客戶的這種舉動將造成經營成本上升，流動資金支出增加的壓力，容易導致財務週轉不靈，與這類客戶交往應特別小心。

⑺變更付款方式。正常經營的公司，對於進貨付款都有一定的標準，如果沒有特殊原因而改變其付款方式，應特別引起注意，對於沒有保障的支付方式，一定要拒絕接受。

以上這些客戶信用的不良徵兆，可能會引發企業信用危機，診斷人員對這些線索應嚴格審查，及時向企業相關部門發出預警報告。

二、第二步：客戶信用等級評定

診斷人員利用搜集的企業客戶的有關資料，進行客戶信用等級的評定是必要的。如果企業根據最初得到的未加工整理的資料，就決定給予客戶大量賒銷，是要冒極大的信用風險的。

影響客戶信用等級的因素有很多，其中重要的有品質、能力、資本、抵押品和環境等因素，即所謂的 5C 標準：

⑴品質（Character）。品質指的是債務到期時，客戶願意主動履行償債義務的可能性。客戶的品質主要體現為企業領導人和主管部門負責人的品質。品質好壞將直接影響到應收賬款回收速度和數量，品質被認為是影響客戶信用等級最重要的因素。

⑵能力（Capacity）。能力是指客戶的償債能力。通過分析與客戶收益有關的各種財務數據，就可以大致預測出該客戶在信用期滿時的償債能力。

(3)資本(Capital)。資本是指客戶的一般財務狀況。通過分析客戶各項財務比率，例如流動比率、資產負債率等基礎財務指標，可以瞭解客戶的一般財務狀況。

(4)抵押品(COllateral)。抵押品是指客戶揮霍的信用可能提供擔保的資產。如果客戶能夠提供抵押品，企業向他們提供信用的風險就小得多，信用標準可以因此適當放寬。

(5)環境(Condition)。環境是指外部環境。外部環境對客戶來說雖然是不可控因素，但會直接和間接地影響到客戶的信用等級評定。

診斷人員對客戶進行信用調查，直至對客戶進行信用等級評定，都要依據這些標準，因此，使這些標準更具有可操作性並以量化形式來進行表現，可以提高資料的實用性。診斷人員還可以參考上述標準，制定出一些評級方法，也就是說，選擇一些能夠客觀反映客戶 5C 狀況的因素，並將其量化，然後評定信用等級和信用風險指數。根據客戶信用評級基本原理，設定各種不同的信用好壞程度的評價標準的區間值，以建立對企業信用等級進行評定的基準。

在處理客戶信用申請時，診斷人員可以對照這種基準，指導企業確定授予某個客戶的信用和信用額度的大小。客戶信用等級評定標準的基本樣式如表 13-1 所示。在表中，還分別為三類信用等級界定了分值,這種做法在具體運用時，還需要對各項財務指標及其它項目合理確定加權的權數，以便最終能夠得出一個合理的分值。

表 13-1　客戶信用等級評定表

指標及付款記錄	信用好 （70～100 分）	信用一般 （50～70 分）	信用差 （50 分以下）
信用等級	AAA 級和 AA 級	A 級和 BBB 級	BB 級以下
以往付款記錄	全部在折扣期內付款	大部份在折扣期內付款	很少在折扣期內付款
流動比率	2.2 以上	2±0.2	1.8 以下
速動比率	1.2 以上	1±0.2	0.8 以下
現金比率	0.3 以上	0.2±0.1	0.1 以下
營運資金（萬元）	150 以上	100±50	50 以下
負債比率	30%以上	50%±20%	70%以上
資產總額（萬元）	800 以上	500±300	200 以下
銷售規模（萬元）	1500 以上	1200±300	900 以下
應收賬款週轉速度	12 次以上	10±2 次	8 次以下
庫存商品週轉速度	8 次以上	5±2 次	3 次以下
賺取利息次數	8 次以上	5±3 次	2 次以下

三、第三步：信用額度的申請

(1)企業信用申請制度。首先，由客戶填制賒銷申請表，提出賒銷額度申請，企業根據其申請額度大小和客戶風險類別，搜集必要的信用資料，如營業執照、資產負債表、損益表、專業機構提供的資信報告等等。其次，財務總監審批賒銷額度後，向客戶發出賒銷帳戶通知書，雙方正式建立賒銷貿易關係。最後企業根據客戶的付款記錄和信用變動情況，調整客戶信用等級和信用額度，進行應收

賬款監控管理和逾期催收處理工作。

(2)賒銷收益與成本的權衡。在賒銷業務中，是否與客戶建立賒銷貿易關係，除了對客戶的信用等級有要求之外，企業還要權衡賒銷的收益與成本。其中，賒銷成本主要包括：賒銷管理成本、機會成本、壞賬損失等等。在賒銷管理制度完善的前提下，企業應主要考慮賒銷的時間價值，賒銷的時間價值直接為企業進行系統決策提供依據。最明顯的一點就是，賒銷 1 年和賒銷 1 個月的成本是不能相提並論的。對賒銷成本的計算，最簡便易行的辦法，就是參照銀行貸款利息率來考慮，假定年利率為 12%，那麼月賒銷成本率就是 1%，月賒銷成本數額為：1%×賒銷額。

從賒銷成本計算表可以看出，在年利率為 12%時，對客戶給予 60 天的賒銷和直接給予 2%的折扣的賒銷成本是相同的。因此當客戶要求更長的信用期限時，企業通常應該適當提高價格或直接給予相當的折扣率來降低賒銷成本。

計算完賒銷成本之後，企業可以對照賒銷的利潤，決定是否進行賒銷交易、交易額多少為最佳等問題做出決策。

(3)賒銷額度審批。賒銷管理中最重要的就是賒銷額度審批，企業一般對不同額度進行不同的授權，審批所需要的數據也有所不同。例如企業規定：在 15 萬元以內，一般由銷售經理進行審批，需要客戶填寫完整的申請表，再由銷售人員獲得其他供應商的評價（不一定是相同產品，例如客戶生產冷氣機，本企業供應電器開關，可以參考其他電器元件供應商的數據）；在 15～50 萬元之間，由信用總監審批，還需要增加客戶資信報告等資料來審批；超過 50 萬元的賒銷交易由總經理進行審批。

除了上述信用資料外，還需獲得客戶開戶銀行的評價和信用管

理部門的付款記錄表和銷售部門的訂單記錄表等資料。

⑷根據信用等級不同，確定差別管理政策。客戶信用等級不同，代表著信用風險的差異，制定賒銷客戶管理政策的目標是使企業培養出信用良好的大客戶和付款及時的小客戶。信用等級高的客戶給予寬鬆的管理政策，如有爭議，由銷售經理和財務經理優先解決，同時保障繼續供貨；信用等級低的客戶儘量要求其提供付款擔保條件，一旦發生拖欠，立即停止供貨，同時列入公司拖欠客戶名錄，通知所有銷售部門進行防範；信用等級中等的客戶則可採用標準管理政策，一旦發生拖欠應及時催收貨款。

心得欄

14

信用政策與應收賬款管理

一、案例

　　李志傑是志傑流行時裝公司的董事長，他有些擔心今年泳衣及海灘裝系列的市場接受力。在前一季的展示會上，志傑公司展示的服飾很受大眾歡迎，市場行情看好。然而，到這一季為止，銷售業績只達預期計劃的 90%，因此，李志傑召集有關主管共同商討對策，以找出目前成績不如人意的原因。

　　會上大家列出了一些可能的原因，銷售部經理吳經理認為銷售不佳的主要原因為：公司信用政策過於嚴格。目前的信用條件是 30 天內付款，對於早日清償貸款的客戶並無現金折扣優惠。很早之前同行中的信用條件為 2/10，n/30（即十天內付現可享受 2%的折扣；30 天內付款，必須全額支付）；且根據各種資料顯示，同行的銷售業績均能因此提高。此外，據可靠消息來源發現，同行競爭對手為了吸引顧客，還採取更寬大的優惠條件，對於某些特別客戶，給予更多的信用優惠。同行這種競爭方式對本公司銷售業績的衝擊和影響不容忽視。

　　總經理高遠對 2%的現金折扣政策有所質疑。他認為，現金折扣的策略好比降價策略，而在泳裝生意中，價格因素並不是主要

的。但是，他同意延長信用期間是值得考慮的，因為志傑的用戶，似乎經常為現金短缺所苦。

會議結束前，大家一致同意請高遠收集一下相關資料，以便下次開會時，用來評估有關放寬信用條件的建議案。於是，高遠回去收集了有關銷售、成本、應收賬款及壞賬等資料如下。

表 14-1　信用政策有關資料

預期銷售額（全為信用交易）	6000000
預期總成本：	4800000
其中：變動成本	3600000
固定成本	1200000
預期利潤（不考慮壞賬）	1200000
平均應收賬款週轉期	30 天
壞賬費用	佔銷售額的 2%
資金成本	10%

第二次會議時，大家討論過幾個不同的建議方案後，一致認為信用期限由 30 天擴大為 60 天。因此，李志傑要求大家就下列各項政策，試估計一下利潤會發生怎樣的變化。

1. 銷售增加 5%。

2. 平均應收賬款週轉期增為 60 天。

3. 壞賬費用增至銷售額的 2.5%。

經過一番計算，大家對應收賬款由此而應增加的數額顯然有不同的看法，如表 14-2。

表 14-2 對應收賬款增加額的不同計算法

(一)吳經理：	現有投資＝360/6000000×30＝500000
	預期投資＝6300000/360×60＝1050000
(二)高遠：吳經理方法×60%＝330000	
(三)徐娜：	現有投資＝4800000/360×30＝400000
	預期投資＝4980000

　　假設一年為 360 天，吳經理認為他的計算方法較可信。因為他用銷售額(包括利潤在內)來計算，但高遠不贊成，他認為惟一相關的是那些會因銷售而變動的成本，因此要計算應收賬款增加額，應由變動成本決定。但是，高遠的特別助理徐娜則認為沒有理由不考慮固定成本，因為就她瞭解，當應收賬款收賬如果遭受延緩，包括變動成本、固定成本在內均要額外融資，因此，不能只考慮變動成本。

　　由於大家對如何計算這一項變數各有主張，無法達成一致意見。董事長李志傑感到十分困擾。因為時間已晚，他便宣佈休會，請大家回去後就自己的主張繼續收集其他資料，以便第二天上午九點，再開會討論。至於他本人已經被這些比率、週轉率弄糊塗了，因此，他想就下列二種情況列出現金流入和流出。

　　1. 在不改變目前的信用政策情況下。

　　2. 放寬信用期限為 60 天情況下。

二、診斷分析

企業採取賒銷方式擴大銷售，可以通過放寬信用政策來完成，但隨著銷售額的增長，應收賬款也隨之增加。利用差量分析法，可將因放寬信用政策所帶來的預期收入的差額與預期成本差額進行比較，求出差量利潤，進而做出決策。

公司提供商業信用，採取賒銷的方式可以擴大銷售，增加利潤，但應收賬款的增血也會造成資金成本，壞賬損失等費用的增加，應收賬款管理的基本目標，就是在充分發揮應收賬款功能的基礎上，降低應收賬款投資的成本，使提供商業信用，擴大銷售所增加的收益大於有關的各項費用。

通常在對應收賬款信用政策的計算方法上，根據本例中董事長李志傑最後提出的兩種情況，即在不改變目前的信用政策情況下，或放寬信用期限為 60 天情況下，決定採用通用的信用政策決策形式：差量分析法。即將兩個不同方案的預期收入的差額與預期成本的差額進行比較，求出差量利潤，進而做出決策。

志傑公司在放寬信用期限後所帶來的好處是，為企業贏得了大量的賒銷收入。這較原來的信用政策相比，確實帶來更多收益，但是，任何事情都是有一利必有一弊。由於放寬信用期限，必然導致應收賬款成本的增加。應收賬款成本一般包括：

1. 應收賬款的機會成本

企業資金如果不投放於應收賬款，便可用於其他投資並獲得收益，如投資於有價證券便會有利息收入，這種因投放於應收賬款而放棄的其他收入，即為應收賬款的機會成本。

2.應收賬款的壞賬成本

應收賬款因故不能收回而發生的損失，就是壞賬成本。

3.應收賬款的管理成本

主要包括：

① 調查顧客信用情況費用

② 收集各種信息費用

③ 賬簿記錄費用

④ 收賬費用

⑤ 其他費用

最後在對志傑公司應收賬款管理的問題上，應結合相關的公式來正確計算應收賬款的信用政策。這些公式主要在解決方案中加以論述。

三、解決方案

(1)假設維持原信用政策下，銷貨額及各項費用均維持不變，即預期利潤及在壞賬費用均相同。

(2)假設影響現金流量的科目僅應收賬款變動額、壞賬費用及預期利潤。此外，壞賬當期即實現，金額與預期相同。

	原信用條件	放寬信用條件
預期銷售額	6000000	6300000
預期總成本		
變動成本	3600000	3780000
固定成本	1200000	1200000
預期利潤	1200000	1320000
平均應收賬款週轉期	30 天	60 天
壞賬費用	佔銷貨額的 2%	佔銷貨額的 2.5%
扣除壞賬前的利潤	1200000	1320000
壞賬費用	120000①	157500
扣除壞賬後的利潤	1080000	1162500
減：應收賬款增加額	0	550000②
淨現金增量	1080000	612500

附註：

① 壞賬費用＝銷貨額×壞賬損失率

　　原信用條件下：壞賬費用＝6000000×2%＝120000

　　放寬信用條件下：壞賬費用＝6300000×2.5%＝157500

② 應收賬款的增加額＝預計銷貨額/360×平均應收賬款週轉期

　　　　　　　　　　－（原銷貨額/360）×原平均應收賬款週轉期

　　　　　　　　＝6300000/360×60－6000000/360×30

　　　　　　　　＝550000

因為應收賬款增加額僅與銷貨額及應收賬款週轉期有關，故以吳經理演算法可信。

	原信用政策	新信用政策	信用政策改變後的結果
扣除壞賬後的利潤	1080000	1162500	82500

減：應收賬款機會成本＝應收賬款增加額×資金成本

＝550000×10%

＝55000　　　　　　　　　　　　　　　　　　　(55000)

減：邊際貢獻增加的機會成本

＝（原始銷售額－原始銷售成本）×($ACP_N - ACP_0$)/360×資金成本

＝(6000000－4800000)×〔(60－30)/360〕×10%

＝10000　　　　　　　　　　　　　　　　　　　(10000)

減：新增銷售額的機會成本

＝新增銷售成本×(ACP_N/360)×資金成本

＝(4980000 － 4800000)×(60/360)×10%

＝3000

利潤變動額　　　　　　　　　　　　　　　　　3000/14500

上述利潤的增加數為 14500 元，雖然增加但餘額有限，因此，是否採取新信用政策，仍必須進一步考慮可能發生的影響。

信用政策是作為增加銷貨的手段之一。就成長企業而言，因擴充速度快，資金需求迫切，因此放寬信用，可能會增加銷售額，但對志傑公司而言，是否有效就值得研究。若公司銷售額的衰退是來自於信用因素，放寬信用應有效；但事實上，就流行服裝行業而言，準確預測出流行趨勢，並有良好的設計能力，才是競爭的重要手段，否則徒然放寬信用，造成一時銷售增加的假像，終究於事無補。

就志傑公司，新舊信用政策下，利潤實際增額有限，僅為 14500 元，故有必要另闢蹊徑，以解決銷售減退現象。

在 2/10，N/30 信用條件下，有效年利率為

$2\%/(1-2\%x)\times360/(30-10)=36.73\%$

如此高的利率，即使向銀行借款來償還購貨，也有利可圖。故一般公司都看重此信用政策，以享受折扣待遇。

說明：ACP_N＝新信用期間；ACP_0＝原信用期間

從志傑公司擬定的上述案例的可行性分析可以瞭解到志傑公司急需增加銷售額，進而增加利潤。志傑公司用放寬信用期限的手段使平均收款期延長，從而增加銷售額，並且應收賬款增長。

本案例中，增加的利潤額並不明顯，只有 14500 元，並且，如果採用本方案的話，對應收賬款的管理卻讓人大動腦筋。如考慮給予顧客的信用標準、信用條件、收賬政策等一系列的信用政策，這對於放寬信用期限而得到額外利潤較低的志傑公司來說，是得不償失。而要針對公司服裝本身的流行趨勢，結合競爭對手的狀況，提出一個適合競爭需要的方案來，去尋求其他方式解決銷路不暢的原因。

15

成本費用管理診斷

對於成本管理的諮詢與診斷，其目的在於幫助企業改善成本管理，降低產品成本，從而提高企業經濟效益。進行診斷時應圍繞上述目的，首先從企業成本水準分析著手，找出差距與問題；其次從公司成本的形成過程以及成本管理狀況進行分析評價，找出問題產生的原因；最後提出糾正措施與建議。

一、成本水準的診斷分析

企業成本水準的診斷分析可以從以下三個方面著手進行：公司總成本水準的分析；經營領域的成本水準分析；經營領域中的主要產品單位成本水準分析。

1.公司總體成本水準的分析

這種分析需要：

(1)將企業實際總成本與計劃成本進行對比分析。

(2)將企業實際總體成本與同行業的先進成本水準進行對比分析。

(3)對構成總成本的各要素進行分析。

(4)通過上述各種比較分析，找出主要影響因素。

(5)分析中所採用的成本指標主要有：產品總成本降低額與降低率；可比產品成本降低額與降低率。

(6)分析時要對影響成本的主要因素，即產量的變動、產品品種結構的改變、單位產品成本的變動等因素進行分析，找出存在的問題，並提出改進措施。

2. 經營領域的成本水準分析

經營領域的成本水準分析是確定其經營資本利潤率的重要資料依據，它也是制定公司戰略的重要依據。診斷人員在進行診斷分析時要注意以下問題：

(1)公司是否提出了進行該項診斷的要求。

(2)如果存在上述要求，就要瞭解公司在經營戰略與財務戰略中的會計賬簿設置是否一致，這要獲得財會人員的協作、支持，盡可能利用已有的成本資料來進行分析研究。

(3)公司的營業費用，例如生產製造費用、銷售費用、企業管理費用等的分攤是否合理。

(4)公司的營業外費用，如貸款利息費用、票據貼現費用、有價證券出售費用等的分攤是否合理。

(5)公司的特殊性費用，例如資產出售費用等的分攤是否合理。

3. 主要產品單位成本分析

(1)診斷人員對產品品種較多的企業，可選擇具有代表性的產品和公司中有較大影響的產品進行分析。

(2)分析產品單位成本應將實際成本水準與計劃成本目標、歷史最高水準進行比較，從中找出差距並提出改進措施。

(3)分析產品單位成本的主要內容是：材料費用分析、薪資費用分析、工廠經費分析、企業管理費用分析等。

(4)材料費用分析的要點是：有無控制實際消耗和提高原材料利用率的措施；有無降低採購價格的措施；消耗定額的計算方法是否妥當；庫存量是否合理；標準價格是否合理。

(5)薪資費用分析的要點是：有無提高工作效率的措施；工作人員的積極性如何；薪資比率的決定方法是否科學；標準薪資和工時定額的設定是否合理；多餘人員是怎樣安排的。

(6)工廠經費分析的要點是：是否編制工廠經費預算；工廠經費的標準值是否合理；對於工廠經費的控制是否積極；工廠經費發生差額是怎樣處理的。

(7)管理費用分析的要點是：費用的構成是否合理；管理費用預算與公司需要是否平衡；管理費用的使用是否合理；管理費用使用有無定期檢查制度？如果有，有無對問題糾正的方案。

二、成本的形成分析

公司的各種產品成本是在產品的投入與轉換的過程中形成的。因此，產品的轉移過程的經營管理工作對產品成本高低有直接影響。產品成本的形成分析是成本管理諮詢的重點內容。成本形成中的轉換過程分析的要點主要有：

1. 瞭解生產過程是怎樣進行的。

2. 瞭解並分析生產過程中與成本形成有關的重要因素，要明確是什麼樣的活動，什麼時間，什麼工作崗位，什麼人造成的問題；說明被查明的問題對客戶造成的影響是什麼。

3. 研究改變產品轉換機能中與成本降低有關的措施，主要內容包括：從改變工作流程、生產技術入手，降低產品成本；從改革

工作方法入手，提高轉換機制機能的效率，降低產品成本。診斷中要對轉換機能的各個環節，各種服務的費用，如人工費用、設備的折舊費用、辦公費用等進行測算，並在明確費用的基礎之上，提出改善措施。

三、成本的管理職能

　　成本管理職能分析是分析成本的高低與成本管理之間的關係。成本管理的職能包括：成本方針，預測、計劃，核算，分析，考核，獎懲等。所有這些成本管理的職能，可歸納為兩大方面：一是成本方針或成本戰略管理；二是成本的戰術管理。

1. 成本的戰略管理分析

(1)公司是否有明確的成本方針？正確性如何？

(2)公司各個經營領域具體的成本方針是什麼？正確性如何？

(3)公司有無成本管理的戰略重點？

(4)如果有成本管理的戰略重點，要明確其是否恰當？

2. 成本的戰術管理分析

(1)企業是否進行成本預測？

(2)如果企業進行成本預測，所預測內容的全面性及所用方法的科學性瞭解嗎？

(3)有無編制成本計劃的科學序程？

(4)成本計劃體系是否健全？

(5)成本計劃的先進性如何？它能否為公司員工所認可？

(6)成本計劃在實施中有何問題？

(7)控制環節有無明確的標準，如果有控制標準，則應瞭解控制

標準是否合理？

⑻控制手段是否健全？

⑼控制的體系是否完善？

⑽對控制中發現的問題，例如：超定額、超標準、超計劃等，是否及時採取有效措施？

⑾財務部門是否有成本分析制度？

⑿成本核算方法與生產技術特點是否相吻合？

⒀原始成本資料是否準確？

⒁待攤費用的分攤方法是否合理？

⒂低值易耗品的分攤方法是否合理？

⒃成本核算是否及時？

⒄考核成本的指標是怎樣確定的？這些指標是否合理？

⒅成本考核制度是否健全？

 心得欄 -------------------------------

16

投資管理診斷

　　企業投資的方向和目標很多，在進行投資決策時，往往不易把握該投資的方向和應達到的目標。財務診斷人員在進行投資診斷時，應首先檢查其是否在對投資環境和投資能力進行了正確分析和評價。

1. 充分瞭解市場競爭的特點

　　選定投資目標，也就意味著企業將加入某方面的競爭，因而對於市場競爭的特點應事先有所瞭解。

2. 充分瞭解影響競爭的因素

　　同行業競爭者的存在是影響競爭的重要因素，但並不是唯一因素。購買者、潛在的參加者和代用品等也是影響競爭的重要因素。

3. 明確競爭範圍和競爭對手

　　這裏的範圍主要指地域範圍，企業在投資前應明確在什麼地域和誰在進行競爭。

　　這又包括兩個方面的因素，並可能會產生不同的組合：在本地區範圍內與本地企業進行競爭；在本地區範圍內與外地企業進行競爭；在外地與當地企業競爭；在外地與其他地方的企業競爭等等。

4. 選擇競爭層次

　　競爭層次是依照本企業產品意欲在市場上佔有的地位來劃分

的，一般有四個層次：力求進入市場，建立立足點；成為市場的追隨者；成為市場上的挑戰者；成為市場上的領先者。

5.競爭對手的分析

知己知彼，方能百戰不殆。要確定本企業合理的投資目標，事先就應當瞭解競爭對手的情況，還要有目的地收集競爭者的各種情況。

投資機能分析是公司財務戰略診斷與諮詢的重要內容之一，診斷人員在分析與診斷時可著重從以下幾個方面進行：

⑴調查瞭解企業資金的用途

⑵對資金使用效果進行分析

即在經濟效益分析和資金流運轉情況分析的基礎上，再對重點投資項目，特別是設備投資效果作進一步分析。

⑶對公司投資工作進行分析

該項分析要求，從戰略的高度分析資金在那些方面的使用是必需的？用在那些方面是有利的？風險性如何？效益性如何？分析投資需求時，還要瞭解公司對此是否經過了靜態和動態的考慮。

17

籌資戰略診斷

一、資金籌措活動的診斷

對於資金籌措活動的診斷：

1. 分析企業的經營類型和信用形態是否一致

由於企業經營類型的不同，作為資金籌措基礎的信用形態也有所不同。「分散銷售型」的個體小企業，大多通過親朋好友關係籌措自有資金，外部資金是以交易信用為主的；「流動銷售型」的小企業，以主業的個人信用為基礎籌措資金；「系列銷售型」的中型企業，將會憑藉自身的物質設備能力籌措資金；「自主銷售型」的大型企業，會憑藉企業信用來籌措資金。根據這一規律，可從企業經營類型和實際信用形態上發現企業在資金來源方面存在的問題。

2. 調查企業的資金籌措活動是否符合有關原則

這些原則包括：確保資金需要量、資金費用適當、根據用途和籌措方式充分考慮企業的贏利能力和安全性、確保資金及時供應等。

3. 觀察企業的資金構成情況

這裏，除了要明確外借資金與自有資金的比率之外，還要分析外借資金的內部構成，據以判斷企業在資金借貸和票據貼現方面存

在的問題。同時，還要分析企業經營狀況，負債比率高，往往會影響企業獨立經營的地位，故可從以下幾方面提出改進措施和建議：

· 增加贏利，逐步擴大留成，充實自有資金；
· 減少短期負債，逐步向長期負債過度；
· 認識企業信用的重要性，避免因撤銷賒銷購賬款和支付票據增多而給企業帶來支付困難；
· 充實資本金；
· 權衡借貸條件，以減輕利息負擔。

二、資金結構的診斷

資本結構是企業籌資決策的核心。在籌資決策中，企業應確定最佳資本結構，並在以後追加投資中繼續保持這一最佳結構。企業原來資本結構不合理的，則應通過投資活動，儘量使其趨於合理化，以至達到最優化水準。

那麼，何謂資本結構呢？

中、長期負債和股東權益在總資本中所佔的比例關係，通常稱之為資本結構。一個企業最佳的資本結構，取決於融資風險和融資成本之間的權衡，只有恰當的融資風險與融資成本，才能使股價最高，企業價值最大化。

要實現資本結構的優化，應著重從以下幾個方面著手：

1. 建立合理的籌資結構

不同的籌資種類，其籌資成本不同，承擔風險也不同，對企業的發展能力影響也就會有所不同。因此，企業有必要根據自身實際情況選擇籌資方式，以建立一個合理的籌資結構。籌資結構同時包

含了對一個企業經濟實力、穩定性和發展性的評價。優化籌資結構的目的，是使得企業資金籌集的成本最低，風險最小。實際上是在考慮客觀可能性的基礎之上，在高成本低風險和低成本高風險之間作出抉擇，既滿足企業發展的需要，又能使其籌資成本最低、風險最小。

企業經營所需要的資金，除了很少一部份屬於企業自有外，大部份是靠借債，所以相當多的企業處於「負債經營」的狀態。企業要實現自負盈虧，並求得自我生存和發展，就要對「負債經營」所帶來的風險予以重視。

要經常保持企業財務結構的平衡，並且根據經濟發展週期的變化，調整財務結構。在經濟上升時期，企業發展十分迅速，產品銷路順暢，此時，就可多舉借一些債務來進行投資，因為利潤與經營規模是成正比例增長的，否則就會失去競爭和發展的機會；如果在經濟低速發展階段，產品銷售不景氣，此時就應該減少借債，主要依靠企業自我積累進行投資，以增加企業的應變能力，降低企業風險。

對於一個企業經濟實力的衡量，並非以總資產為尺度，因為總資產中的一部份是由負債形成的，而負債不是企業自身能力的體現，只是借助其他企業的資金進行運作。

衡量一個企業的經濟實力，往往以淨資產為依據。淨資產實際上就是企業資產負債表右方的所有者權益。

從整體上來看，所有者權益從兩個角度反映了企業的經濟能力：一是實收資本和資本公積數額大小，它表明了企業生產經營的基礎規模；二是盈餘公積和未分配利潤數額，它展示了企業潛在的發展能力。如果企業完全不採用權益資本籌資，而是全部以負債來

籌資，企業的經濟實力便無從體現。

實際上，各企業為了保持自身良好的企業和財務形象，總會保持一定比例的權益性籌資。在西方，一般要求企業的權益資本不能低於借入資本的數額，這是衡量企業經濟實力的最低標準。

企業不僅要提高自身的風險承受能力，使財務狀況通過優化資本結構而不斷得以改善，而且在融資過程中必須講究資金效率，降低籌資成本。企業應通過優化資本結構，使企業籌資的平均資金成本達到最低。由於負債的籌資成本一般低於權益性籌資成本，則增加負債比例相對就可以使加權平均的籌資成本有所降低。

企業要增強風險承受能力時，應增加權益性籌資減少負債籌資比例；而企業要降低籌資成本時，則應增加負債籌資，減少權益性籌資的比例。面對這種兩難選擇，企業唯一的辦法就是確定一個最優資本結構，以使企業加權平均的財務風險最低，籌資的平均資金成本最低。

2.改善企業投資環境

企業在籌資的過程中，應該預見到未來環境的變化及其影響，提高企業的適應能力和應變能力，經濟而且有效地籌集到企業發展所需要的資金。

對不同的發展階段和不同的外部環境，設計出合理的企業發展戰略。特別是在知識經濟時代，資訊技術高速發展，新技術、新設備、新產品層出不窮，企業競爭日益加劇，不發展是沒有出路的。

企業應順應這種潮流，不斷引進新技術、新設備，開發出新產品，籌集足夠的資金，促使企業更快地發展。

3.提高企業商業信譽

商業信譽是借貸關係的橋樑。企業只有具備了商業信譽，才能

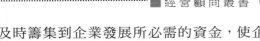

及時籌集到企業發展所必需的資金，使企業的發展具備可能性。信譽包含著時間的因素，也包含著信任的因素。即企業應當具有屆時返還貸款本息的意識及能力，這便使企業具有了商業信譽。沒有商業信譽，就不可能及時籌集到必要的資金，市場經濟條件下更是如此。因此，無論如何，現代企業都必須牢固地樹立良好的商業信譽，這是現代企業發展的基本素質和條件。

財務診斷人員在進行資金籌措的診斷與諮詢活動時，還應當注重從以下幾方面入手，瞭解企業的資金籌措是否存在問題：

(1)在考慮資本結構的同時，企業決定從何處籌措資金？

(2)剩餘資金是否已經轉成了有息存款？

(3)在進行核算時，是否同時考慮籌措資金的問題？

(4)是否制定財務預算？

(5)制定好的預算是否分配到了每個責任人？

(6)完成預算與獎金、薪資、紅利等獎勵措施有何聯繫？

18

財務危機的過程演變

一、財務危機的表面狀況

1. 長期虧損

　　幾乎所有發生財務危機的公司都曾經歷 3～5 年虧損。利潤是一個綜合性的指標，企業一切經營活動的最終成果都要由利潤體現出來，從項目投資、產品生產、銷售到售後服務的全過程中，項目成敗、產品市場競爭力、原材料的質量、廢品損失率、勞動生產率、營銷費用、企業管理能力、企業文化以及外部環境變化等，無一不與經濟效益有關，最終通過收入與費用項目核算反映於期末利潤中。由於經營風險的存在，企業出現虧損也是正常情況。

　　利潤是企業積累的來源，企業虧損通常可以通過過去的內部積累或依靠籌集資金渡過難關。然而，一旦發生 3—5 年以上的連續虧損，內部留存受到蠶食，則勢必造成資金週轉嚴重困難，長期虧損的企業很難從外部獲得資金支持，企業陷入內憂外患的境地，耗盡企業資源。

2. 銷售連年下降

　　銷售是實現產品價值的最重要環節，是產品市場競爭力的集中體現，也是企業管理能力的體現。銷售收入是利潤的來源，收入下

降導致銷售利潤的下降，從而最終導致企業淨利潤減少，甚至出現虧損。

通常情況下，銷售額下降未必致使企業立即倒閉，尤其是環境經濟不景氣而引起的暫時性下降。但從以往的倒閉個案來看，儘管原因各不相同，但銷售額下降始終佔據第一位。銷售額連年下降是產品不能適應市場或競爭力下降的表現，這種狀況如果持續數年，企業將處於相當危險的境地。

3.財務狀況惡化

危機企業隨著財務資源逐漸減少，企業財務狀況開始惡化，主要表現在以下方面：一是償債能力指標惡化，如資產負債率大幅提高，而利息保障倍數、流動比率及速動比率等卻下滑，低於市場平均值；二是由於利潤下降甚至出現虧損，有關企業盈利能力的指標開始惡化，銷售毛利率、淨資產收益率及總資產報酬率呈現不同程度的下降趨勢；三是由於銷售收入不斷下降，企業成長性指標開始惡化，如銷售增長率、資產增長率、淨利潤增長率等出現負增長；四是資產營運狀況指標不佳，如應收賬款週轉率、存貨週轉率及流動資產週轉率等都下降明顯。

分析財務比率是企業外部投資人及其相關利益者採取決策行動的重要依據，對於財務比率變動及趨勢，銀行、供應商、投資者等都比較警覺。如果財務比率開始惡化，銀行等相關利益者不但不出手相助，反而會紛紛上門催款，這將使企業經營雪上加霜，陷入更加被動的局面。如果企業無法找到擺脫困境的措施，財務狀況將進一步惡化，可能加速財務危機的發生。

4.資金極度短缺

「現金是王」，引發企業財務危機的根本原因是在一定時期內

現金流入量低於現金流出量，以至於企業不能按時償還到期債務。

極端情況下，沒有負債的企業就不會有財務危機，但這種情況在現實中幾乎不存在。因為，現代企業都或多或少運用著杠杆經營，即便不從銀行借款，不佔有供應商資金，但應付薪資與應交稅金的發生仍不可避免。同時，企業生產或產品銷售都可能承擔著或有負債。

現金短缺導致原材料、薪資無法按期支付，企業經營難以為繼，簡單再生產過程無法維持。資金短缺與企業資信的缺失有關。企業信譽是現代企業一種重要的無形資產，是企業在長期經營中創立和積累起來的各種理財優越條件和無形資源。信譽是企業獲取外部資金支持的重要手段，有了這種特殊性的資源，企業就能順利地從投資者或債權人那裏獲得項目和資金支持；就能順利地從銀行貸款、從關聯企業那裏融資；就能順利地把企業生產的產品銷售出去，把企業生產所需的原料及時採購回來。而一旦信譽受損，企業的籌資融資就會變得十分困難。

二、財務危機的過程演變

企業從業績優良到陷入財務困境，有一個漸進與積累的過程。破產作為企業財務危機的發展的結果，常被看作是一種極端的財務危機。

企業陷入財務危機是指企業經營管理不善、不能適應外部環境發生變化而導致企業生產經營活動陷入一種危及企業生存和發展的嚴重困境，反映在財務報表上已呈現長時間的虧損狀態且無扭轉趨勢，出現資不抵債甚至面臨破產倒閉的危險。財務危機的發生是

漸進的，財務危機的漸近性成為了財務危機可預測性的前提，是構建財務危機預警模型一個重要的隱含假定。

企業在破產之前可分為四個階段：⑴不利的開端，這一階段表現有負債較高、營運資金較少、績效不佳等；⑵早期傷害，這一階段表現為公司的負債、營運資金、績效持續下降；⑶邊際生存，這一階段最明顯的標誌為經營績效只達盈虧平衡；⑷死亡掙扎，公司的負債、營運資金、績效迅速惡化，導致破產或清算。

財務危機通常可分為四個階段：第一階段，公司在發生危機的前 10 年，公司整體獲利性不如以前好，但此時公司在日常營運上並無明顯的異常發生；第二階段，發生危機前 10 年到財務危機前 6 年，公司遭受大環境不確定性的影響而使其績效下降，此時績效的下降是也潛在的，不會明顯地表現出來，這個時期公司已經開始遭受損傷，但外在資料難以取得深入的資訊，因此企業外部利益相關人員對前兩個階段很難加以判斷與區分；第三階段，財務危機發生的前 6 年到前 3 年，這時公司獲利明顯下降，只能勉強維持在損益平衡的狀態；第四階段，公司面對危機掙扎的階段，一般在危機發生前 2 年到危機發生當年，公司獲利出現急速下降，營運資金嚴重不足，進而連支付短期負債的能力都已喪失。

現金是企業的血液，血液的停止流動將引發企業生命機能的全面危機，甚至崩潰。企業陷入資金短缺的典型過程是，企業首先出現持續虧損，接著銀行停止貸款、供貨企業停止提供短期票據或應付款融資，最後不得不借高利貸直至企業破產或倒閉，如圖 18-1 所示。

圖 18-1 企業陷入破產的過程圖

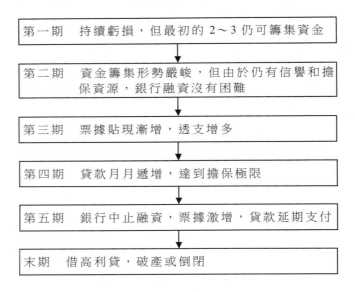

第一期	持續虧損，但最初的 2～3 仍可籌集資金
第二期	資金籌集形勢嚴峻，但由於仍有信譽和擔保資源，銀行融資沒有困難
第三期	票據貼現漸增，透支增多
第四期	貸款月月遞增，達到擔保極限
第五期	銀行中止融資，票據激增，貨款延期支付
末期	借高利貸，破產或倒閉

　　財務危機事件從其生成到消解，一般會經歷如下四個階段：潛伏生成期、資金不足期、爆發期與終止期。財務危機的潛伏生成期是危機性事件各相關因素之間的矛盾、衝突在形成和化解及其累積性量變時期；資金不足期是危機性事件持續演進並開始顯現；爆發期指危機事件開始惡化，出現持續的虧損與嚴重的現金短缺，危機演進的速度加快，並逐漸達到危機的頂峰；終止期指危機得不到有效控制，企業系統崩潰，走向破產終止。

19

企業財務安排的常見弊病

一、負債經營不合理

1. 負債結構不合理。

2. 負債規模過大，資產負債率過高。

3. 負債構成上過分依賴銀行間接融資，從而加大了企業的財務風險。

4. 資金流動性上，負債中流動負債比重過大，公司資信不足，無長期融資計劃，無法獲得長期貸款。

5. 資本成本率過高。

6. 公司內部生產經營產生的現金流量不足以償還即將到期的長、短期債務，引發財務危機。

二、公司投資失算

1. 盲目實行多元化，四面出擊，不自量力。

2. 投機心態過重，貪圖暴利，不願腳踏實地，不願一步一個腳印建立經營實體。

3. 投資管理不當。未能做到投資報酬和風險有機結合，要麼為

規避風險投資於一些收益率極低的項目;要麼過於激進,一味追求高收益而不顧高風險。

4. 投資方向失誤。將資金投向一些即將飽和的夕陽產業,這不僅會造成企業資金的浪費,還影響企業整體獲利能力。

5. 廣告投資過多,陷入造名譽陷阱。廣告不是唯一的競爭手段,要在風雲變幻的市場上長盛不衰,歸根到底是靠產品質量、售後服務、價格、營銷等多種因素;廣告稱王不等於市場稱王,廣告明星絕不等於市場明星。

6. 投資效果差。決算超過預算,戰線過長,錯失良機,監督不力,漏洞百出。

三、公司經營不利

1. 資金週轉緩慢

週轉越快,獲利越多;同時,資金週轉越快,設備利用率越高,單位成本就越低,利潤率也就越高。資金週轉緩慢,則必然會影響公司的獲利能力。

2. 應收賬款管理不當

⑴應收賬款佔主營業務收入比重過大,帳面利潤有很大一部份靠賒銷實現,贏利質量較差。

⑵應收賬款賬齡老化,發生壞賬的可能性較大,公司應收賬款賬齡在三年以上的賬款所佔比重過高,形成壞賬的可能性加大。

⑶壞賬準備提取比例過低,不符合審慎性原則。

⑷關聯交易中應收賬款發生額過大,利潤操縱跡象明顯。

3. 存貨控制薄弱，造成資金呆滯

⑴存貨量制定不科學，過多或過少。

⑵存貨週轉率低。

⑶重錢不重物，存貨損失浪費嚴重，管理混亂。

4. 固定資產的利用效率較低

只注重外延擴大再生產，而不注重內涵擴大再生產；只注重規模，而不注重效率。

四、經營費用太高

1. 公司財務規章制度不健全，漏洞多。

2. 財務決策流程煩瑣或決策許可權不明確。

3. 粉飾部門業績報告、報表、資料。

4. 公司內部具體執行人員素質差，財務制度難以貫徹到底，制度形同虛設。

5. 成本預算、計劃、控制、核算、分析、考核相互脫節。

6. 領導不重視財務日常管理。

7. 追求在職高消費，各種期間費用居高不下。

8. 未設內部審計或內部審計工作不力。

五、股利分配不對

1. 營業收入提前確認，利潤不實。

2. 股利政策制定不符合公司長遠發展計劃，行為短期化。

3. 賬外有賬，虛贏實虧，超額分配。

20

財務危機的應變管理

財務危機的「事後」處置固然重要，但從「事前」預防、及早避免才是管理財務危機的最佳手段。

一、合理的經營戰略和債務結構

企業財務危機的主要原因是管理不善。企業的發展戰略應當隨著市場和企業外部環境的變化而不斷調整。而一旦方向確定以後，就應當對公司業務範圍和經營品種作出明確的界定，不應在不熟悉的業務領域大量從事投資、經營或交易活動。對熟悉的領域，原則上不必絕對禁止積極的經營戰略，但這種經營帶來的風險必須是可控的：一方面可能帶來盈利；另一方面如果失誤，必須有足夠的資金準備。

公司的財務管理應當著眼於整個資產結構和債務結構的調整和優化，著眼於大筆現金流量的匹配。資產結構和債務結構的協調是現金流量匹配的前提。只要抓住資產與負債總體結構方面的協調，再抓住大筆現金流量的匹配，一般就不會發生長期性的財務困難。

二、恰當的現金流量規劃

現金流量規劃是經理人配置公司資源的重要內容和防範財務風險的基本手段。在市場競爭日益激烈的今天,企業追求收益的強烈願望與客觀環境對資產流動性的強烈要求,使兩者之間的矛盾更加突出。

企業的經營戰略以獲利為目標,通常包括更高的經營規模、市場佔用率和新的投資項目等內容,這些戰略的實施需以更多現金流出為前提,一旦現金短缺,其發展規劃無疑就成了「無源之水」。因而,企業規劃與戰略都必須以現金流量預算為軸心,把握未來現金流量的平衡,以現金流量規劃作為其他規劃調整的重要依據,尤其是對資本性支出應該「量入為出,量力而行」的基本原則。即使公司的發展與擴張採用了負債經營,負債經營的規模也應該以未來現金流量為底線。

三、財務危機的預測和監測

財務危機的預測通常是以存量為基礎的和「粗線條的」。使用多群組判別分析等統計方法對各種財務比率,包括流動比率、債務槓桿比率和盈利率等指標進行同行業比較和長期跟蹤,可對企業財務危機可能性的大小作出判斷。當然,這種預測並不是對危機事件本身的預測,而是對危機發生可能性大小的預測。這種方法常常可以在危機發生之前的一兩年作出預警。

四、建立財務危機應急預案

應對財務危機方案的建立與完善，標誌著企業內部控制管理體系是否完備和成熟。每一個企業都應當建立明確的、便於操作的財務危機應急預案，避免事前無計劃、事後手忙腳亂的現象。應急預案的內容可能隨著企業經營範圍的不同而有所側重，但一般應當包括處置財務危機的目標與原則（包括最高目標和最低目標，也可以是目標的序列）；與債權人的談判策略；專家和組織；應急資金的來源；削減現金支出和變賣資產的次序；以及授權、操作和決策的流程等事項。

五、保持良好的信譽和企業形象

企業應當讓債權人瞭解自己的誠信和競爭力，在日常經營中與之建立良好的信譽關係，以便共同迎接企業面臨的機會與挑戰，共同克服短期的困難。運營狀況再好的企業，意外發生時也需要臨時向銀行借款，而企業和銀行都不一定能預計到這些計劃外借款的確切時間和數量。現實中的情況往往是，銀行願意向「不缺錢」的企業貸款。因此，同銀行保持良好的信譽關係是明智的。當企業不需要借錢時，應當讓銀行瞭解自己的財務情況和現金流狀況，以為自己今後的借款建立基礎，一旦真正需要借款，便有可能按正常的條件借到所需數量的款項。

財務危機的原因分析

一、財務危機的會計路徑

企業陷入財務危機後，財務狀況和經營成果等各方面都有不同的反映，如收入下降、費用升高、虧損、財務狀況惡化、現金短缺等，它們之間關係複雜。為充分認識財務危機的演化過程及其原因，需要研究企業財務危機的會計表現路徑。

通常情況下，負債無法償還是導致企業財務危機的最直接原因，誘發企業財務危機的路徑主要有三條，如圖 21-1 所示：

圖 21-1　企業陷入財務危機的會計路徑

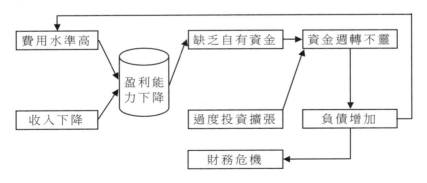

　　一是費用水準升高誘因。費用水準升高造成盈利能力下降，自有資金出現不足，導致資金週轉不靈，企業不得不增加負債來彌補資金缺口，同時，負債的利息支出將進一步導致企業費用水準增高，形成惡性循環，巨額負債無法償還是企業陷入財務危機的導火索。

　　二是銷售收入下降誘因。銷售收入下降誘因所形成的財務危機會計路徑與費用水準誘因完全一致。

　　三是過度擴張的投資策略誘因。過度擴張的投資策略將導致資金週轉短缺，企業不得不增加負債來彌補資金缺口，同時，負債的利息支出將進一步導致企業費用水準增高。如果投資項目無法按期投產，或者投資收益與預期水準差距比較大，企業將無法償還到期債務。

二、財務危機分析與診斷

　　企業財務危機診斷是根據會計與財務資訊，對企業財務管理活動的過程，結果以及計劃執行情況進行比較、分析和評價，以及時發現財務惡化的徵兆。到目前為止，並沒有專門的財務危機分析與診斷方法，企業中也沒有專門的職能部門完成這項工作，財務危機分析與診斷通常是結合財務分析得到實施。

　　所謂「分析」，是把研究對象分成較簡單的組成部份，找出這些部份的本質屬性和彼此之間的關係，以達到認識對象本質的目的。

　　財務分析是根據企業財務報表，主要包括資產負債表、損益表、現金流量表及其它一些輔助資料，把整個財務報表的資料分成

不同部份和指標，並找出有關指標之間的相互關係，在分析的基礎上從整體上對企業的償債能力、盈利能力和抵抗風險能力作出評價，或找出存在的問題。

以企業出現虧損為例，通過應用杜邦分析法，將淨資產收益率分解，如圖 21-2 所示。

淨資產收益率出現下降的原因是由於資產淨利率下降，進一步發現原因是由於銷售收入與淨利潤下降，淨利潤下降的原因受收入下降影響外，製造成本上升也是重要原因之一。如此一層層的深入分析，最終發現收入下降與製造成本增加是導致出現虧損的原因。

圖 21-2　杜邦分析圖

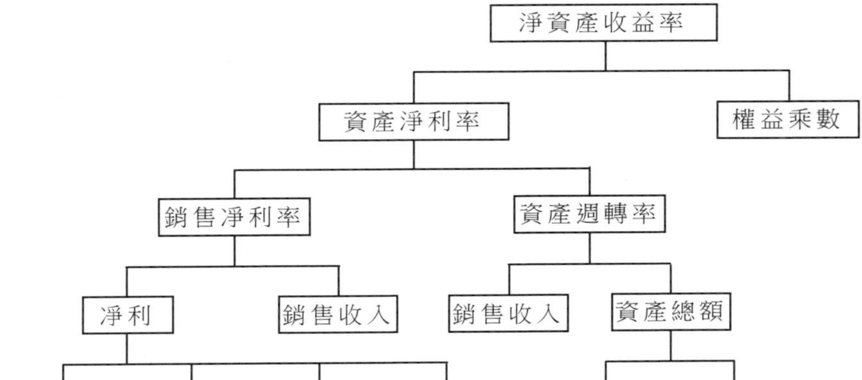

財務分析是一個認識過程，通常只能發現問題而不能提供解決問題的現成方案，只能做出評價而不能改善企業的狀況。例如，某企業資產收益率低，通過分析知道原因是資產週轉率低，進一步分析知道資產週轉率低的原因是存貨過高，再進一步分析知道存貨過高主要是產品積壓。

至於如何處理積壓產品，財務分析並不能回答。財務分析是檢查的手段，財務分析能檢查出企業償債、獲利、抵抗風險的能力，分析越深入越容易對症治療，但分析診斷不能代替治療。

因此，有必要突破財務分析的局限性，從環境與內部管理的角度來認識財務危機。

三、財務危機與環境

任何企業都置身於一定的環境之中，環境是企業生存和發展的土壤。環境一方面為企業活動提供了必要的條件，另一方面又對企業活動起制約作用。因而，把握環境的現狀及將來的變化趨勢，利用有利於企業發展的機會，避開不利於企業發展的風險，這是企業謀求生存與發展的首要問題。

企業外部環境是一個多主體、多層次、發展變化的多維結構系統，可以有多類劃分方法，如按企業與環境的關係來劃分，可分為一般環境與特殊環境，一般環境是指企業的大環境，它包括政治環境、法律環境、經濟環境、科技環境、社會文化環境，自然環境及國際環境等，特殊環境包括用戶、競爭對手、同盟者、供應者、運輸部門、中間商與批發商，業務主管部門，稅務部門及企業所在社區等，其最主要的是用戶、供應者、競爭者與同盟者。

Alves(1978)認為，「企業特性因素」屬於內在因素「internal factors」，大部份可以加以控制，這包括經營者管理能力、企業組織結構，自有資金大小程度、生產技術優劣程度、企業根基是否穩固以及其他諸如企業商譽、品牌、特許權、經銷網、債信、公共關係、企業文化等因素。總體環境因素多屬於不可控因素，而產業特

性因素將視企業的市場力量和控制能力而影響不同。

　　企業經營的一切要素，包括原材料、能源、資金、勞動力、資訊等都要從外部環境獲取，離開了外部環境，企業就會成為無源之水、無本之木。與此同時，企業生產出來的產品也要通過外部市場銷售出去，企業的經濟效益和社會效益只有通過外部環境才能得以實現。只有把產品（服務）銷售出去，企業生產經營過程中的各種消耗才能得到補充，企業也才能維持和擴大其生產經營活動。

　　每個企業都會面臨各種挑戰和逆境，如競爭者加入、消費者偏好變遷、原材料價格變化、市場價格波動等，合格的管理者在經營決策時就必須考慮環境兩方面的影響——推動影響和制約影響。首先，環境的變化使企業面臨新的問題，企業為應付這些問題，便要進行決策。其次，管理人員在進行決策時，要考慮各種環境因素並受其制約，決策如果脫離了環境因素或對環境認識不足，在執行時就會遇到困難，甚至將企業送入死亡之旅。

　　大多數環境變數對於企業管理者是可控制的，改變環境對大多數企業來說是很困難的，但可以很好地利用環境，至少可以做到規避不利的環境影響。如投資新項目，對於所有人來說，未來產品銷售情況通常是不確定的，管理者就要考慮不同情況下產品的銷售風險，同時考慮企業對風險的承受能力而選擇項目，並決定投資額。

　　決策總要承擔風險，問題的關鍵是，決策必須要考慮企業抵禦風險的能力，一旦出現風險，企業仍能順利度過。因而，環境可能加速了企業發生財務危機，但其背後管理不足才是最根本的原因所在。

四、財務危機與企業管理

　　儘管引發企業財務危機的原因很多，有企業無法左右的政治、
經濟、自然等外部原因，但最為重要的原因在於企業內部缺乏競爭
力和管理不善。美國的一項研究表明（見表 21-1），90%以上的企業
失敗應歸因於管理上的無能，而地震、水災、火災等不測事件致使
企業失敗的僅為 0.5%。管理無能主要表現為對特定經營行業缺乏
經驗或在生產、銷售、人事、技術等方面的管理經驗不平衡，致使
競爭能力不足等。

表 21-1　企業失敗的原因

原因	百分比
缺乏行業經驗	11.1
缺乏管理經驗	12.5
管理經驗不平衡	19.2
競爭能力不足	45.6
怠忽職守	0.7
欺詐	0.3
災害	0.5
不明原因	10.1
合計	100%

　　1994 年與 1995 年，日本破產企業分別為 14164 與 15006 件，
在表 21-2 所列出的 22 個因素中，企業破產最直接因素是銷售不振
與經營散漫兩因素。銷售不振最終原因仍然可能是管理水準低下，
如經營戰略失誤、市場營銷策略不當、產品成本缺乏競爭優勢等。

表 21-2　企業倒閉的主要原因分類

主要原因	1994 年度		1995 年度	
	件數	構成比(%)	件數	構成比(%)
銷售不振	7299	51.5	7695	51.3
出口不振	37	0.3	17	0.1
貨款難回收	553	3.9	531	3.5
呆賬增多	355	2.5	364	2.4
大企業進入	17	0.1	21	0.1
技術，商品開發遲緩	6	0.0	2	0.0
新市場開拓緩慢	6	0.0	5	0.0
競爭對手追趕上來	3	0.0	4	0.0
行業不振	703	5.0	620	4.1
企業系列承包改組	17	0.1	28	0.2
散漫經營	2842	20.1	3009	20.1
新產品開發失敗	14	0.1	14	0.1
設備投資失敗	406	2.9	398	2.7
經營多角化失敗	173	1.2	158	1.1
其他經營計劃失敗	321	2.3	231	1.5
經營者生病、死亡	214	1.5	236	1.6
火災及其它災害	23	0.2	83	0.6
人才不足	10	0.1	16	0.1
勞資對立	6	0.0	5	0.0
地區條件變化	6	0.0	9	0.1
資本過小	416	2.9	425	2.8
其他	737	5.2	1135	7.6
共計	14164	100.0	15006	100.0

22

企業財務會計的主要弊病及危害

弊病種類	產生原因	表現所在	危害結果
隱匿收入不入賬	行為人動機不良進行舞弊； 會計人員與領導人員勾結舞弊； 內部控制不嚴、制度不健全，監督不力。	將收入列作負債或賬外資產，不入賬，或將收入私吞貪污。	利潤減少。或導致虧損，資產流失，偷逃稅收，抽逃資金。
企業抽逃	行為人營私舞弊； ⑵內部控制不嚴，制度不健全。 ⑶投資者抽逃資金。	假借名義將資金通過銀行帳戶轉出，或直接抽走現金、存貨和其他資產。	資產流失，經營，困難，危及生存。
應收賬款過多	盲目賒銷，銷售、財務人員不負責任； 內容控制不嚴，催討不力。	應收賬款逐年增加或猛增。	大量資金被人佔用，資金週轉困難，呆賬增多，經營困難。
債務過大	盲目借債經營，購置設備、房產； 盲目借債投資於其他投資項目。	長期債務、銀行貸款不斷增加、利息支出增加。應付款項到期不還。	企業負擔加重，資產不能抵償債務，造成信用危機。

續表

憑證 失真	行為人舞弊，偽造憑證，侵吞錢財； 審核控制不嚴，制度不健全。	憑證內容虛假，支出數額多寫，收入數額少寫。假發票假報工人數	破壞會計基礎，數據不真實，資產流失。
虛報費用	行為人舞弊、貪污； 審核控制不嚴，制度不健全。	利用公出將私人開支假借名義多報費用，中飽私囊。	費用增加，利潤減少，或導致虧損，淨資產流失。
成本 無控制	商品、材料購進成本升高； 產品生產廢品增多，材料消耗量增加； 薪資成本過高； 產品售價低。	銷售成本率過高，甚至超過百分之百，形成毛虧。	經營虧損增加，淨資產流失，無法經營。
虛盈 實虧	領導人員動機不純，騙取上級和外界信任； 會計人員成本、利潤計算錯誤。	虛減成本費用； 虛增收入； 虛增資產。	經營狀況、賬務狀況不真實，多交所得稅，利潤減少。
虛虧 實盈	領導人員有不良企圖，抽逃資金； 會計人員將收入、成本利潤計算錯誤； 會計制度不全，賬目混亂。	虛增成本費用； 隱匿收入； 虛增負債，虛減資產。	少交所得稅，政府收入減少；抽走資金，淨資產減少。

續表

固定資產膨脹	盲目購置設備房屋； 盲目擴大廠房； 決策失誤。	固定資產猛增； 流動資金猛增； 銀行貸款猛增。	流動資金短缺、負債增加，償債能力下降，成本費用猛增，資金週轉困難。
盲目兼併收購企業	經營戰略、開發項目選擇錯誤； 缺乏調查研究，未作預估分析； 決策錯誤。	兼併後企業負擔加重，經營狀況、財務狀況惡化； 負債、虧損增加。	舉債經營，困難重重，妨礙企業發展。
網點設置不當	缺乏調查； 市場選擇錯誤； 大量產品積壓。	銷售網站偏離居民中心區； 商品銷量不多。	銷售收入減少，成本增加，利潤減少，或虧損而無法經營下去。
產品無銷路	產品質量、款式、性能不佳； 銷售方法不當或銷售管道不暢通； 產品週期已過，繼續盲目生產。	產銷比率下降，銷售量低於產量。	銷售收入減少，存貨積壓，資金週轉困難。
不良資產過多	經營不善，管理不嚴，盲目採購； 行為人收受賄賂，或責任性不強； 決策錯誤。	應收賬款與應收票據中的呆賬，購進的設備性能低劣無法使用，殘次變質商品增多，到期債權、擔保賠償款無法收回。	資金被人佔用，資金週轉困難，利潤減少。庫存增大。

續表

挪用資財	經管錢財的人員不良動機所犯； 控制不嚴職能不分立，缺乏監督檢查； 出納人員貪污舞弊。	現金短缺。物資短缺，貨款收入不入賬，或轉作私用，財產丟失。	資金被人佔用，或資產損失，影響資金週轉，或導致經營困難。
會計數據不實	會計人員利用會計技巧掩飾真實狀況； 領導人員授意會計人員掩飾真實狀況； 會計人員業務水準與能力低下； 檢查不嚴，制度不健全。	會計報表與賬記錄不真實，不正確，成本、利潤計算錯誤，賬實不符。	不能真實反映經營狀況和財務狀況，導致賬目混亂，弊病叢生。
經營決策失誤	缺乏調查研究，未作可行性研究，或研究不正確，資訊不靈； 方案選擇錯誤，缺乏決策經驗。	投資項目或重大交易、經濟事項決策失誤。	造成經濟損失，且不易改變，影響企業發展。
經營戰略錯誤	錯誤的經營思想和經營觀； 未作調查研究預測分析； 領導決策失誤。	產品開發和項目選擇錯誤； 市場選擇錯誤； 措施不當，競爭策略錯誤。	導致經營失敗，無法達到目標的要求。

23

企業警惕的現金陷阱

　　企業為什麼倒閉？在一般情況下，企業不會因沒有盈利而在短期內倒閉，企業頻繁失敗，僅僅是因為缺少現金。

　　任何企業的現金和流動資金的管理通常都是關鍵的，企業家們並不總是很清楚地瞭解它們與利潤的關係。通常，對企業來說，銷售額是假的，利潤才是真的，而現金更是企業的「血液」。為了避免企業倒閉破產，企業家們常常要問自己兩個問題：企業在現金和利潤方面做得怎麼樣？企業的控制體系所起的監控作用如何？

一、分析現金和利潤

　　現金和利潤問題通常源於多個方面，一旦找到「源頭」常常很容易解決。需要注意的是，盈利性問題就會導致現金的問題（見圖23-1）。

　　短期的虧絕不會引起企業倒閉，但長期的虧損勢必導致企業破產。企業有盈利並不意味著有現金。因為你的貨物大量被別人佔用，你的資金週轉不開，很多債權人向法院起訴你，讓你償還債務。你的再生產資金也發生了困難，結果你破產了。所以你應時刻關注你的利潤和現金問題。如果現金問題是重點，則需要考慮以下幾個

主要方面。

圖 23-1　現金和利潤問題的分析

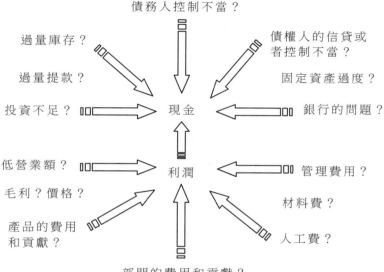

1. 企業的原始資本是否不足？

2. 業主(們)的提款是否過度，或者分配給股東的股利過度？

3. 企業的庫存(包含在產品、產成品)是否過量？

4. 應收的款項是否回收緩慢，逾期是否太長造成壞賬損失？

5. 供應商的信貸條件是否苛刻？

6. 是否大量的現金束縛在固定資產上？

7. 是否銀行的支持太少，不容易貸到款項？

如果是盈利的問題，需要探究的要點如下：

8. 營業額的水準是太高還是太低？

9. 毛利潤的水準是否受到這些因素的影響。

這些方面的每一項都可再進一步分析，來突出運行不好的根本原因，以便採取相應的措施，及時緩解矛盾，避免企業倒閉的發生。

二、檢查企業控制體系的現金運行情況

為了使你的企業正常運行，還必須建立一套內部控制系統，且對該系統的運行情況給予經常性的檢查分析，隨時發現異常情況。及時採取有效措施，避免事態的惡性發展。

1. 適當的財務記錄與制度

①對現金流量的監控；

②對銷售和採購的分析；

③對應收、應付賬款的控制；

④對產品或作業成本和貢獻毛利監控；

⑤對部門的成本和貢獻毛利的分析；

⑥對庫存和在產品的監控；

⑦採用週、月、季報表來反映盈利能力和現金流量的概貌。

2. 評定財務狀況

為了及時發現問題，還需開展經常性地對企業的財務狀況和企業的優勢進行評價，應從四個方面考慮。

(1)盈利性：

· 銷售

· 毛利潤

· 費用(固定費用)

· 盈虧平衡銷售額

· 淨利潤

· 留存收益

(2)現金／營運資金

· 現金流量預測

· 庫存

· 債務人

· 債權人

· 逾期的債權人

· 淨流動資產

(3)資金

· 淨固定資產

· 淨流動資產

· 權益

· 借款

· 本債比

· 潛在借款

(4)財務控制與財務制度

· 是否能監督現金流量、流動資產和盈利能力？

· 它們還監督那些其他的關鍵財務數值？

· 它們與本企業有關嗎？

· 它們被理解嗎？以及被用於決策嗎？

· 業主和管理層在控制之中嗎？

盈利能力。企業在短期內可以是不獲利，但為了生存，企業在整個營業期間內必須盈利。企業可通過盈虧平衡銷售點來理解和控制盈利能力。

現金／營運資金。現金流量是任何企業在短期內存活的關鍵因

素，所以用最大限度的注意力監控它。現金流量與營運資金的管理
緊密相關，並且對庫存、應付賬款的有效控制都帶來巨大的收益。

　　資金。企業的資金如何，對於管理現金／營運資金和盈利能力
至關重要。資金基礎的強勢以及將留存收益注入資金基礎的狀況決
定了企業的發展潛能，對任何企業來說，在不牢固的資金基礎上發
展都是一種潛在的危險。

　　財務控制。業主經理們不必成為財務專家，但為了「控制住」
企業，業主們確實必須充分理解上述要素。企業正式財務體制不必
要求特別成熟，只要求能夠充足地給業主經理們提供需要的資訊，
使業主經理們處於控制企業之中。

3. 動態財務分析

　　動態財務分析法不同於傳統的財務分析方法，而是簡單明瞭地
提煉出關鍵的財務資訊，以便幫助業主經理把握企業脈搏，確定適
當控制度，為未來做出行之有效的計劃。

　　相信這些方法能幫助經理們找到這些資料的真實涵義，並為企
業增加真正有價值的東西。

(1)盈虧平衡銷售額分析

　　盈虧平衡銷售額可以定義為：企業不盈不虧所要達到的銷售水
準。簡要計算公式如下：

　　盈虧平衡銷售額＝（固定費用＋支付的淨利息）÷毛利率

　　從理論上來說，當銷售額以一種有控制的遞增的方式上升時，
盈虧平衡銷售額應保持不變，或者甚至下降。如果一個企業的盈虧
平衡銷售額以同樣的或是高於銷售收入的上升比率上升，那麼它的
管理者會被稱為「忙碌的傻瓜」，這就意味著，他們需要不斷地努
力來保持更低營業額就能創造相同的盈利水準，同時對現金的需求

也不斷地增長。當然，盈虧平衡銷售額的上升也可能意味著對新產品、新的生產工序、新的市場或新技術的投資。

降低盈虧平衡銷售額方法有：

①重新考慮定價策略。所有企業都應通過適當的提價或削減銷售成本來積極提高它們的毛利率。但不幸的是，在經營困難時期大多數企業的反應都是通過降價來達到增加銷量的目的。這忽略了一個簡單的事實——降價最終會影響利潤。通過參考下面所附的價量動態計算表(表 23-1，表 23-2)，可以很好地說明這一點。

如表 23-1 所示，如果企業要通過降價 10%來改善企業的經營狀況，同時還要保持企業 40%的毛利率時，則銷售收入需要提高33%。對於企業來說，這可能是一場災難，因為在市場不景氣或經營困難時期，增加銷量是最難做到的。

相反，如果一家毛利率為 40%的企業漲價 5%，它能夠承受 1%的銷售量損失，而不會對它的盈利能力帶來任何災難性的影響，其好處是顯而易見的。

②削減銷售成本(可變費用)。上面是考慮價格的變化給企業的盈利能力帶來的影響。另一種改善盈利能力的可能做法是削減銷售成本。大多數企業都能重新組織他們的生產流程，以削減產品所需的勞動力和原材料。逐漸地，小的變化和調整會變得非常巨大並造成明顯的影響。降低成本和有效定價的共同影響能實質性地改善企業的財務狀況。

③削減費用(固定費用)。這種方法帶來的好處非常有限，並可能帶來一些負面影響。改善管理是一方面，但過度的削減成本可能會使企業失去客戶和員工，且可能會削弱企業的發展。因為管理費用的削減可能包括售後服務費用，員工培訓費用和新技術、新產

品、新市場的研發和開拓費用。在很多案例中，過度削減費用（固定費用）就像砍掉了企業的「脊樑」。

表 23-1 降價

為保持現有的毛利，當降價時產品所創造的銷售收入必須增長的百分比

降價幅度	當前毛利率/%							
(%)	10	20	25	30	35	40	45	50
-2	25	11	9	7	6	5	5	4
-3	43	18	14	11	9	8	7	6
-4	67	25	19	15	13	11	10	9
-5	100	33	25	20	17	14	13	11
-10		100	67	50	40	33	29	25
-15		300	150	100	75	60	50	43

表 23-2 漲價

在毛利率下降前，銷售收入可下降的百分比

降價幅度	當前毛利率(%)							
(%)	10	20	25	30	35	40	45	50
+2	1	9	7	6	5	5	4	4
+3	2	1	1	9	8	7	6	6
+4	2	1	1	1	1	9	8	7
+5	3	2	1	1	1	1	1	9
+10	5	3	2	2	2	2	1	1
+15	6	4	3	3	3	2	2	2

④產品結構。這種方法似乎經理們只要清楚地瞭解企業的大部份利潤來自那些產品或服務，然後就集中力量發展這些業務就行了。但實際做起來往往不像聽起來那麼簡單。因為，可以很容易地確認各種產品和服務的銷售價格和銷售成本，但要同時確定它們各自分攤的固定費用就非常困難了。

(2)流動資產分析

動態分析中的一個不變的主題就是：盈虧平衡點越低，資產負債表反映的情況越好。通過降低企業營運資本需求和促進盈利能力的提高，可以為企業發展創造良好的條件。簡單講，資產負債表是由四個主要部份組成。

①固定資產淨值。包括建築、廠房、機器、固定設施、配套設備和車輛等。因為存在折舊的問題，也就是說，在設計使用年限內，每隔一定時期，這些固定資產就會降低。對這類資產的需求通常不與銷售水準直接相關。

②營運資產淨值。是由存貨（原材料、在產品和產成品）加應收賬款、預付賬款，減應付賬款和其他應付款組成。在計算時，將借款形成的負債從中剔除，將其劃入借款淨額中。這類資產的需求通常與銷售有直接關係。

③所有者權益淨值。對有限公司來說，包括：已發行股份、留存收益、投入的無形資產，如商譽、專利、商標、短期租賃等（在計算本債比時，常常被貸款人從權益中剔除）。就獨資企業、合夥企業來說，應該將投資者或合夥人的資本計入權益中。

④借款淨額。短期借款（期限在 12 個月之內的借款）通常由銀行透支、貸款、分期付款等組成。現金可用於償還這些借款或僅僅留作準備金。長期借款通常包括未分配利潤，如放在一邊準備用於

償付預期債務(如公司所得稅)的款項。這些資金可用於公司短期籌資,但在需要時必須將其轉移出來,不然會成為額外的籌資需求。

⑶資金平衡分析

為便於分析將資產負債表重新排列如表 23-3 所示。將資產負債表中營運資產淨值部份轉換成與銷售收入的進分比,並將結果與合適的指標或標準進行比較,就能夠計算出企業經營的真實狀況。

表 23-3　資產負債表

	資金需求(資產)	籌資來源(負債)	
	固定資產淨值	所有者權益淨值	
固定的	□房屋、建築物 　　加 □機械、機器設備 　　加 □車輛、辦公設備等	□已發行股份 　　加 □留存收益 　　減 □無形資產(如商譽等)	內部的
	營運資產淨值	借款淨額	
可變的	□存貨 　　加 □應收賬款 　　減 □應付賬款(不含借款) 　　加 □逾期應付賬款	□透支 　　加 □貸款 　　加 □分期付款等 　　減 □現金 　　加 □長期借款/未分配利潤	外部的
	資金需求總額	可籌資總額	

很多小企業使用的指標對於改善企業的現狀是不適用的。企業管理者應該對企業的經營要求有一個現實的看法，並充分考慮企業和供應商、客戶之間達成的協定和實際操作之間的差異，並且有必要在此基礎上設定企業經營的目標。

4. 評估真實的資金需求

最後是使用一種動態分析法，對一個將要進入成長期的企業進行籌資需求評估。除了需要新的固定資產外，一個處於擴張期的企業，顯然還需要額外的營運資金。營運資金淨值需要根據歷史財務資料進行相當精確的計算；並從根據到期應付賬款調整後的資料中，提取真實的資料以計算出營運資金淨值佔銷售收入的比例。營運資金淨值分析表即用來進行此項計算。

資金需求量是由固定資產淨值加淨營運資金需求量計算出來的。從資金需求總量中減去調整後的所有者權益。調整後的所有者權益包括當年留存收益。資金需求平衡量是滿足公司的實際籌資需求和滿足擴張計劃的外部籌資需求，所要達到的籌資水準。在大多數情況下，可獲得的銀行支持程度主要是靠計算財務杠杆比率得出的。籌資需求總量與銀行可貸款量之間的差額所造成的資金不足，需求通過靈活的籌資管道予以彌補。

24
診斷企業的健康狀況

　　企業財務是否健康要通過一系列財務指標反映出來。因此，通過調查測試一系列財務指標的現狀、發展趨勢、分析產生變化原因，就能有效地把握其弊病，為進一步研究治理奠定基礎。財務調查測試診斷內容如下：

一、財務診斷的檢查重點

　　1.瞭解會計組織是否符合會計流程？
　　2.每月是否都做試算表，及時性和適用性如何？
　　3.與自有資本相比，借入資本是否過多？
　　4.與銷售額相比，應收貨款是否過多？
　　5.固定資產是否超過自有資本和長期負債的總和？
　　6.應收貨款，庫存(原材料、在製品、成品)，固定資產，投資的狀況是否對籌措資金和經濟核算帶來不良影響？
　　7.應收貨款總額的限度及庫存量是否確定合理？
　　8.應收貨款的回收、管理做得是否適當？
　　9.對固定資產的投資是否過大？
　　10.是否按流程要求實行庫存物資管理？

11. 銷售費用是否每年都在提高？

12. 銷售費用率是否有增長的趨勢，管理費用和銷售費用的構成比例是否適當？

13. 把實際和預算是否作過對比？出現偏差時有無採取糾正措施？

14. 成本核算是如何進行的？

15. 是否採用標準成本？

16. 費用是否採用以部門劃分的計算方式？

17. 產品成本與個人收益是如何掛鈎的？

18. 目前定額管理狀況(計件、定時、機械台車工時)怎樣？

19. 是否製作了資金籌措表？

20. 消耗定額的確定原則是怎樣的？

21. 成本核算流程是怎樣的？

22. 有無實施成本核算電腦化作業？

23. 作業是否掌握了固定費用、變動費用？是否瞭解盈虧平衡點，是否進行成本控制(事前控制、事中控制、事後控制)？

24. 有無對財務數據進行分析？

二、財務管理調查診斷

1. 報表編制

⑴貴公司是否有本期和近兩年的會計報表及其附表？

⑵是否有本期和近兩年的各種賬簿和憑證？

⑶有無各種財務計劃、財務合約和財務報告？有無各種財務分析、審計檢查的報告和資料？有無完善的會計制度和財務管理制度

的有關規定？

⑷有無發生或發現過財務上的舞弊行為？如：偽造憑證、貪污挪用、上下勾結等。

2. 弊端分析

⑴是否瞭解各種資產的實有狀況和運用狀況？有無資產的損失現象？

⑵是否瞭解各種負債的實有狀況和償還狀況？有無舉債經濟行為？是否事先測算過舉債後的收益率和資金成本率？

⑶是否瞭解資本、資本積累、公積金和未分配利潤的實有數及其使用和處理情況有無「虛增利潤」或「虧本分利」現象。

⑷是否利用本、量、利分析和風險分析等方法綜合測算資本金利潤率、資金週轉率、資產負債率等主要財務指標的標準值。

⑸是否在核對、調整會計報表數值後，用比率分析和結構分析等方法計算本期評價指標。

⑹用比較分析法，將本期計算出來的指標值同測定的標準值對比，有無異常情況。

⑺用趨勢分析法計算定期增長和環期增長值，瞭解企業經營與利潤的發展狀況，檢查本期有無異常。

⑻會用賬齡分析法分析應收賬款、存貨等資料嗎？

⑼支付能力如何？

3. 追溯分析

⑴發貨記錄與銷售收入帳戶貸方記錄核對過嗎？

⑵有無將盤存記錄與存貨明細賬記錄的餘額核對？

⑶銷售退回帳戶的借方記錄與銷售成本帳戶和存貨明細賬的借方記錄分別核對過嗎，計算方法一致嗎？

⑷有無發現銷售費用明細賬的借方記錄或憑證中有異常現象？

⑸修理費用項目中裝飾費用是否超過預算或計劃？壞賬損失項目中有無尚未發生的？差旅費有無虛報或超標的？

⑹有無把罰款、罰息等記入本期財務費用？

⑺有無在其他業務項目中，截留收入或先記支出等現象？

⑻投資收益或損失是否少記或多攤、虛列？對固定資產的清理，其變價收入有無少記或不入賬？

⑼有無將預付貨款列作應收賬款，然後又列作壞賬損失，予以侵吞等現象？

⑽新增固定資產和對外長期投資項目是否事先進行過可行性研究？有無專人跟蹤？是否會影響企業營運資金的質量？

三、財務管理調查診斷事項

財務管理調查可按管理機能分為下列五項。

· 會計組織的調查

· 處理手續的調查

· 財產管理的調查

· 會計資料的利用情形調查

· 稅務關係的調查

茲將其診斷要領及有關內容簡述如下：

1. 會計組織

⑴規模。會計組織與經營規模是否匹配。

⑵結算體系。總部與各分部結算的關係。

⑶賬簿。輔助賬簿與總控制賬的關係。

⑷憑證。會計單位與其他單位的傳遞。

⑸電算化。會計電算化程度，使用軟體。

2. 處理手續

⑴速度。結算表的迅速程度、延遲的原因。

⑵傳票如何流動。開發、檢證、出納等記賬程度及手續如何、傳票的流通及內部牽制是否確立。

⑶賬簿的樣式。會計部門的賬簿傳票與其他部門有無類似重覆情形、傳票樣式的發送與事務簡化、傳票樣式的標準化。

3. 財產管理

⑴餘額。應付賬款與應收賬款的差額、票據的利用方法是否適當。

⑵存貨資產。評價存貨的計價方法是否適當、賬目上的存量與實物存量之差異如何處理、存貨是否過多。

⑶固定資產。明細賬的設立，賬簿記錄、帳面價格與實際價格的差額、資本支出與費用支出的區分是否適當。

⑷準備金。壞賬、價格變動、「八項」減值準備金是否提存

⑸其他。火災保險等的處理是否適當。

4. 會計資料的利用

⑴預算。資金的編制、綜合預算的編制、實際績效及計劃的考慮、預算與績效的比較檢查、成本計算的方式是否適當。

⑵成本計算。標準成本的計算、各部門收支的計算。

⑶利潤計劃。固定費用與變動費用的區分是否適當、能量利用率的計算是否適當、各項費用的預測、適應經營條件的變化、損益平衡點的計算及經營目標的制定、能量利用率提高與成本降低的關

係。

⑷加工費用。現行加工成本是否過高、加工成本與人工成本的比較、加工成本變化的原因。

⑸經營統計。經營統計的重要性的檢查、不同期間的比較、經營統計的有效應用。

5. 稅務關係

⑴憑證。稅務憑證領用、保管手續是否健全、憑證保管是否良好完整。

⑵責任。稅務是否由專人負責、是否有責任。

⑶公告。稅法、稅務公告是否有專人搜集、保存是否完好。

⑷繳稅。納稅計算與繳納是否正確、正確,是否發生過稅金錯繳事項、是否發生過罰款與滯納金。

⑸稅務籌劃。企業是否進行稅務籌劃、減少企業稅負。

四、電腦替代手工核算的診斷評價

1. 電腦替代手工記帳的基本條件

⑴已經獲得「會計基礎工作規範化」證書。

⑵採用的會計核算軟體通過財政部的評審。

⑶手工與電腦核算同時並行三個月以上,且結果一致。

⑷配備有用於會計核算的電腦或終端。

⑸財務部門受過正規培訓,並能上機操作的人員佔財會人員的比例達到一定標準以上。

2. 建立電算化崗位職責及考評制度

⑴建立了電算化崗位責任制。

⑵制定了電算化管理考核責任。

⑶在電算化崗位的財會人員,必須經過培訓且合格。

3. 建立嚴格的操作制度並嚴格執行

⑴有操作和覆核人員的工作職責和許可權制度。

⑵有預防原始憑證和記賬憑證等會計數據未經審核而輸入電腦的措施。

⑶有預防已輸入電腦的數據未經審核而登入機內賬簿的措施。

⑷有以上機操作記錄制度。

⑸有確保系統操作員和系統維護員不單獨擔任貨幣性資金原始數據登錄工作的有關制度。

⑹有確保非經授權人員不能進入會計軟體系統的制度並嚴格執行。

4. 建立嚴格硬體軟體維護管理制度並認真執行

⑴建立嚴格的硬體管理和完善的維護制度。

⑵有預防、檢測、消除電腦病毒的制度和措施。

5. 建立嚴格的安全及保護措施

⑴電算化各崗位均採用各自的操作密碼。

⑵各級操作密碼嚴格保密,不得洩露。

6. 建立嚴格的會計檔案保管制度

⑴存有會計資訊的磁介質及其它介質,在未列印輸出前,應妥善保管並留有備份。

⑵電算化系統開發的全部文件資料視同會計檔案保管至該系統停止使用或有重大變更後三年。

⑶備份數據資料正確無誤且存放在不同地方,其中數據資料備份內容、時間、備份人標註清楚。

①備份存放在相同地方。

②備份存放在不同地方。

7. 是否遵循了會計制度及有關會計電算化規定

(1)會計科目

①會計科目編碼符合會計制度規定及電算化編碼規則。

②會計科目使用符合相關規定。

③有發生額的科目,軟體不能刪除。

(2)會計憑證

①會計憑證格式和填制方法符合會計制度的規定。

②憑證編碼由電腦自動生成控制,無重號、漏號。

③各類由鍵盤輸入的原始數據經過嚴格審核。

・ 有業務經辦人簽章。

・ 有業務部門主管簽章。

・ 財務經辦人簽章。

・ 財務主管審核簽章。

④摘要簡潔,符合規範。

⑤由電腦輸出各類原始數據(記賬憑證或其他)經操作員、審核員、財會主管審核簽章。

・ 操作員簽章。

・ 審核員簽章。

・ 財務簽章。

⑥正在輸入的記賬憑證會計科目借貸雙方金額不平衡或無輸入金額,軟體予以揭示並拒絕執行。

⑦正在輸入的記賬憑證有借方、無貸方會計科目,或有貸方無借方會計科目,軟體應予以揭示並拒絕執行。

⑧正在輸入的收款憑證借方科目不是「現金」或「銀行存款」，付款憑證貸方科目不是「現金」或「銀行存款」，軟體應予揭示並拒絕執行。

⑨憑證由一人制證、審核、軟體不予執行。

⑩憑證不經審核會計軟體不予記賬。

(3)會計賬簿

①會計賬簿登記遵循會計制度及電算化有關規定。

·　按會計制度規定設置總賬、明細賬、日記賬等。

·　各類賬簿的啟用、記賬的方式符合會計制度規定。

②各類電算賬必須日清月結。

·　各類總賬、明細賬按日結出餘額。

·　現金賬實核對相符。

·結賬前，軟體能自動檢查本期憑證全部記賬，否則不予結賬。

·　結賬後，上月憑證不能再轉入，下月憑證才能轉入。

③各類會計賬簿按制度規定格式設計並列印。

·　賬簿格式符合會計制度規定。

·　日記賬按日列印。

·　一般賬簿可根據實際情況和工作需要列印。

(4)會計報表

會計報表編制符合會計制度用有關電算化的規定。

①會計報表的格式、項目內容和報送時間及份數符合會計制度的規定。

②會計報表中同賬簿有關的指標，按規定的取數公式由電腦從有關帳戶檢索、計算和列印輸出。

③報表編碼符合制度規定。

④報表數據來源正確，運算關係正確。

⑤報表審核關係正確。

25

財務弊病的追蹤診斷與治理

一、財務弊病產生的原因

人能否健康長壽？造血機能是否良好，血液循環是否正常是關鍵。否則就會病倒，直至死亡。企業也是如此，如果企業經營得法、管理有方，資金流轉正常、盈利較多，這個企業就能健康的生存發展下去，相反，如果經營不善、管理混亂，產品賣不出去，連年發生虧損，資金週轉困難、資產流失過多，這樣企業就無力繼續經營，最終導致破產倒閉。

企業由於經營管理不善，造成資產流失過多，資金週轉困難，無力經營導致破產的原因眾多，但從財務方面來研究，主要因素有以下幾個方面：

1. 經營不善，虧損過多

企業有盈利淨資產就增加；相反企業發生虧損，淨資產就減少。如果一個企業連年虧損，淨資產就會減少。虧損越多，淨資產越少。

如果長期不能扭轉企業虧損，最後必然導致無力經營而破產，所以虧損是企業致命的第一因素。造成虧損原因很多，在財務上主要再現在以下幾方面：

⑴銷售收入減少，銷售價格低。由於種種原因造成產品價格低，甚至出現低於生產成本或進價，產品雖然銷售出去了，但入不抵出，使企業淨資產發生流失。企業何以健康發展？

⑵銷售成本高，銷售毛利過低，有些企業由於生產經營過程中支出、消耗高，銷售毛利過少甚至出現毛虧損，不能抵償費用及稅金造成虧損，最終虧損淨資產。形成財務危機。

⑶費用支出過多。企業不能有力抵制各項費用支出最終減少淨資產，企業也難生存下去。

⑷壞帳損失多。有的企業不能及時收回應收帳款，甚至發生大量壞帳損失。使淨資產減少。

⑸利息支出過多。有些企業自有資金不足，完全依靠銀行貸款經營，貸款利息過高，企業承受不了，形成淨資產減少。

⑹對外投資損失過多。企業對外投資，未能獲得反而發生虧損，使企業淨資產減少。

2.資金週轉困難

企業的資金如同人體血液在不停的循環與週轉。企業的資金循環是從貨幣資金開始，經購買、生產，將生產出的產品推銷出去，並獲得貨幣資金(現金或銀行存款)，然後再購買支付薪資、動力費……，這種週而復始的資金運動也叫做現金流量。

企業資金週轉困難是指企業的貨幣資金不足以支付購買商品、材料、設備的貨款以及員工薪資、辦公費用利息、稅金和償還應付債務，造成企業無法正常開展各項生產經營活動，這種困難，

叫做企業財務上的危機，資金週轉困難越嚴重，持續時間越長，對
企業的危害就越大，即使是盈利的企業，也難避免這種厄運。

　　資金週轉困難的主要原因有以下幾項：

　　⑴盲目生產、庫存過多。企業生產產品不能適應市場需要，顧
客不滿意，造成大量庫存，或造成長期停產設備不能充分利用，折
舊費照提，房租照付。由於產品不適應市場需要往往需要降價出
售，從而造成利潤減少，甚至出現虧損。

　　⑵盲目賒銷、應收帳款過多。由於產品適銷不對路，企業往往
採用賒銷手段，把產品推銷出去。但是經銷商又長期拖欠不付貨款。

　　使應收帳款過多，有的企業應收帳款餘額佔主營業務收入 70
～80%，這必然造成資金週轉困難。應收帳款應建立在商業信用基
礎上，企業應對經銷商信用、財務狀況有正確瞭解，如盲目賒銷極
易發生信用危機，一旦經銷商發生經濟困難，極有產生壞帳危險，
那將給企業帶來更大的經濟損失。所以大量賒銷是造成資金週轉困
難的主要原因。

　　⑶盲目投資、盲目上項目。企業投資於其他企業或上新項目，
需要大量的現金，其目的是擴大生產經營規模，賺取更多的利潤。
但這項投資應有其特定來源、或企業有大量的多餘流動資金，否則
將企業的大量資金進行對外投資或盲目上項目，一旦出現問題，將
會給企業帶來巨大資金危機，非但不能為企業帶來利潤而且還會給
企業造成資金週轉困難，甚至倒閉、破產。

　　⑷企業庫存過多。企業的正常生產經營活動需要儲備一定材料
及半成品、在製品，但存量過多，尤其是庫存一些不需用、不適用、
呆滯積壓、質次價高的不配套的材料物資，將活錢變為死物就會佔
用大量的流動資金，減少貨幣資金，從而增加資金週轉困難的因素。

⑸盲目購置固定資產，資金結構失衡。企業是一個有機整體，資產與負債之間，資產內流動資產與固定資產之間必須保持一定的關係和比例，才能操作自如健康發展，這是資金運動的客觀要求。固定資產是供企業長期使用的不可缺少的必備資產，價值較高佔用資金多，變現性極差。盲目購置增加固定資產，將耗費大量現金，容易導致貨幣資金短缺的現象。

⑹虛增利潤，虧損分「利」。有些企業為了達到某種目的，利用會計技巧造假，將已經虧損或盈利較少的實況，變為「盈利」或「利潤增加」，並給股東大量分紅、多發資金，多繳納企業所得稅，使大量貨幣資金流出企業。

⑺實收資本過少。企業創辦的貨幣資金過少，或將資金投入後，又變相抽走，使自有資金難以適應生產經營需要，極易產生財務危機。

⑻預付訂金過多，在訂購商品或固定資產過程中，預付大量貨幣資金，一旦供應商違約，商品不能及時入庫，影響組織對外銷售，造成資金短缺。

⑼創辦時間過長，開辦費支出過多。有的企業不從實際出發，不考慮自己財力，過分追求場面豪華和氣派，購買過多用品，進口過多高級設備和用具，浪費大量資金，開辦期一再拖長，不能及時投入營業，而且開辦費支出永遠不會變現，將會嚴重影響資金週轉。

⑽發生經濟擔保賠償。企業替別人進行經濟擔保，發生經濟賠償損失，造成企業資產流失，形成資金週轉困難。

3. 盲目舉債

企業所需資金固然不必完全依賴股東投資，賒欠貨款舉債、發行公司債券，簽發企業承兌匯票，向銀行借款等是理所當然的，但

舉債必須遵循二條原則：其一是投資利潤率必須大於利息率，那麼多餘部份歸企業所有，辛苦經營才算沒有白費力；反之，如果利息大於投資利潤率，必然造成貼補債主，企業反而虧損，這自然沒有必要。其二是債額應有限度，因為企業的經營是一項事業，是「投資」而非「投機」，如果盲目的借債，無限制借債，雖可獲利於一時，但一遇環境變化，事與願違，債主追逼，危機立現，所以一個企業萬萬不可盲目舉債。有些企業對重大投資項目未作可行性研究，對收益估計過高，對市場預測不準確，沒有對該項投資可獲利收益與借入資金成本進行比較，或對未來經營發展可能產生的風險和敏感性問題未進行充分估計與分析研究，其結果是借來資金投入使用後，其所收益不能抵償利息支出，造成連年虧損，到期無能力償還債務，造成破產倒閉。

對舉債經營和償債能力的診斷分析，診斷分析的步驟是：

⑴計算資產負債率。（負債總額/資產總額）和流動比率（流動資產/流動負債）。它是根據資產負債表有關資料計算而來，通過分析觀察企業償債能力。

⑵根據計算結果與標準值，進行比較判斷企業還債能力大小。

⑶分析診斷舉債經營效果。用舉債後的收益率與舉債資金成本率進行比較，如收益率大於資金成本率表明舉債效果好；相反效果就差。

⑷分析診斷舉債經營目的舉債用途。尤其對巨額借款，需跟蹤檢查投資項目的可行性研究是否正確，方案選擇是否正確。

4.商品缺乏競爭力，不適合市場需要

新產品開發投入不夠，缺乏新產品的開發能力，使產品在市場無競爭力，產品價格上不去，企業資金大量轉化為不適應市場需要

的產品，積壓在倉庫，若長期延續下去，必然導致無力繼續生產，企業難以健康的經營下去。

二、財務弊病的追蹤診斷

通過對企業財務會計報表的分析診斷，在做出財務健康狀況評價後，對虧損嚴重、資不抵債、資金週轉困難及營私舞弊行為等需要做進一步追蹤診斷，為擬定治理方案提供依據。

1. 第一步，關於虧損的追蹤診斷

企業為什麼產生虧損？其根源不外乎兩個：一是經營管理不善，產品銷不出去造成入不抵出，產生虧損；再一個是經營管理不嚴，漏洞百出，造成大量資財被鋪張浪費貪污盜竊，形成虧損。兩者經常混雜在一起，因而為診斷帶來困難。

根據會計制度的規定，企業的利潤是按下列公式計算的：

利潤總額=銷售收入-銷售成本-銷售稅金及附加±其他業務收　　　支淨額-三項費用+投資收益或損失+營業外收支淨　　　額

根據上述公式計算結果，若其差額為正數，即是利潤；若其差額為負數，即為虧損。

從上述公式看出，利潤或虧損是由十二個收支項目構成，但對利潤或虧損起決定作用的是銷售收入、銷售成本、銷售費用、管理費用和財務費用。所以對虧損的追蹤檢查應以這五項作重點：

(1)銷售收入的追蹤診斷

銷售收入的減少是企業虧損的重要原因之一，銷售收入是由銷售產品的數量和產品售價所組成，因此在追蹤檢查中，首先要檢查

銷售數量是否減少？其次要檢查產品銷售價格是否降低，銷售折扣、銷售折讓與過去是否增加，第三要檢查銷售產品結構是否發生了變化。當然以上這三項因素變化會對利潤產生兩種影響，一是有利的影響，一是不利影響，在檢查分析中都逐項計算、評加記錄，診斷的方法有：

①檢查發貨或倉庫出庫記錄，並與銷售收入帳戶貸方記錄核對，查看有無倉庫已出，但銷售收帳戶未記，如有表明其銷售收入未入帳，如有上述情況發生，需要查明原因和結果。

②檢查應付帳款、其他應付款、應收帳款和其他應收款記錄的具體內容，查看有無將已實現的銷售收入予以隱匿，記入這四戶帳戶的貸方，還有的將銷售收款記入預收貨款貸方。這就把本來是企業的銷售收入，列入企業的負債，改變了業務的性質，同時還要進一步查明，有無將故意記入這些帳戶貸方的銷售收入，又以償還債務的名義用現金或銀行存款給予支付。如有應詳查清楚取得證據，弄清責任。這是一種抽逃或侵佔行為，應由企業研究處理。

③檢查覆核銷售收款的原始記錄（如發票、提貨單），查看有無少計漏記或不記收入。如發現少計，應查看現金有無溢款，其溢款與少計收入是否一致，如無溢款，對少計的銷售收入，應追查原因和責任，如是私吞溢款或貪污銷貨款，應取得證據，建議被診斷單位做調查更正，對責任人員給予處理。

(2)銷售成本的追蹤診斷

銷售成本增加是造成企業虧損的原因之一。產品銷售成本的增加，有兩項因素的影響：

一是銷售數量的增加，二是單位成本的提高。前者是客觀原因，銷售量增加，其成本理所當然要提高；而後者單位成本提高需

要追蹤分析是進貨或生產成本提高，還是由於對期初庫存產品成本的計算或期末成本的計算，如期初多計、期末少計必然導致本期成本提高。

另外還有可能出現錯計或漏計的事項，如發生銷售退回未沖銷已記的銷售成本；或將未實現銷售的發出商品成本記入銷售成本；或將不屬於銷售的內部調撥商品產品的成本記入銷售成本；或不是用實際成本而是用估計成本計算銷售成本和計算時錯誤等。此種診斷，主要採用下列方法：

①將上期盤存記錄與存貨明細帳記錄的餘額進行核對，並覆核，檢查其有無多記上期期末存貨？如有多記的應調整本期期初存貨，減少銷售成本。

②將本期盤存記錄與本期存貨明細帳記錄的餘額進行核對，並覆核，視其有無錯誤。如發現有錯誤應予以調整，以調整銷售成本。

③檢查本期商品的進價和產品生產成本，有無多計少計進價和生產成本的。如有多計進價和多計生產成本的，應予調整、減少銷售成本。如有少計的，也應調整、增加銷售成本，對產品生產成本升高的原因應結合成本分析檢查。

④逐筆檢查存貨明細帳的發貨記錄，有無將內部調撥或委託代銷發出的產品列作銷售記入銷售成本；有無將托收承付或分期收款發出商品，尚未收到貨款的記入銷售成本。如有，均應調整，減少銷售成本。

⑤將銷售退回帳戶借方記錄與銷售成本帳戶借方記錄和存貨明細帳的借方記錄分別核對，視其銷售退回有無沖減已記入的銷售成本；如發現有已退回而未沖減銷售成本的，應予調整，減少銷售成本。

⑥檢查銷售成本計算方法是否與上期應用的計算方法一致,有無用估計成本代替實際成本;如有不一致,或用估計成本的應予更正。

在進行銷售收入與銷售成本追蹤時,除採用上述方法外,還要注意以品種為對象,分析每種產品的收入與成本之間差額,會計上稱為毛利(收入減成本),通過毛利的大小來分析對利潤的影響。有些企業存在一批長期積壓材料或產品,由於技術進步、新產品、新技術不斷出現,這些產品或材料已不適應市場需要,要進行處理必然造成重大損失。但是如不及時處理,兩者積壓下去,對企業更為不利。對處理產品或材料造成損失,應著重查清價格是否合理,手續是否健全(即是否經有關領導批准,或經集體研究確定)。注意有無借處理為名,將價格壓得很低,或者借處理積壓品為名,將一些好產品、好材料,也低價處理掉的營私舞弊的行為。

(3)銷售費用的追蹤診斷

銷售費用的增加有正常和不正常的兩種情況。正常增加的是指隨著銷售業務擴大和銷售額的增加而增加的必要費用。如包裝費、廣告費、銷售員員工薪資和因銷售發生的招待費。不正常增加的是指非銷售的應酬招待費用。此種費用檢查重點是非銷售的應酬招待費用。

①檢查銷售費用明細賬戶的借方記錄,視其發生的費用是否正常的、必要的;如發現有不正常的,應逐筆查明其原因和確定其用途。有無屬於假公濟私的,如有要查清責任。

②檢查銷售費用憑證的內容和金額,檢查有無虛假情況,如發現有虛假的,應查明責任者。

銷售費用的追蹤檢查,不能單純地從金額的多少來評價判斷其

有無弊病存在，而應該從一筆費用支出能產生多大效益和效果來考慮其有無弊病存在。這是因為銷售費用的支出，實際上是一筆資金投入。從投入產出的要求來研究，凡是一筆銷售費用支出，都要有一定的收益，收益越大，效益越好。如果耗費數萬元，一無收益，表明是無效的，有弊病存在。所以，在追蹤檢查銷售費用時，應注意銷售費用的支出能否產生實際的效果和效益，不能單純從金額的大小來判斷其有無問題存在。

⑷管理費用的追蹤診斷

　　管理費用增加的原因主要有管理機構龐大，人浮於事，設備用具購置增加，壞帳損失增多，裝飾費用過多，產品、材料報損報廢多，折舊多記，待攤費用多攤等。此種費用診斷的方法可按下列步驟進行：

　　①從薪資項目中檢查人員總數及各個職能部門的編制和實際人員數，視其人員有無超編和人浮於事的情況。機構龐大和人浮於事，是增加管理費用與薪資的主要原因。

　　②從修理費項目中檢查裝飾費用有無超過計劃或預算。如有超過裝飾計劃或預算的，需查明原因。

　　③檢查折舊費和攤銷項目，有無多提折舊或將應屬後期攤銷的費用記入本期，增加本期攤銷費用；如有，應予調整。

　　④檢查壞帳損失項目，有無將尚未發生壞帳的，列作本期壞帳損失；如有，應予調整。

　　⑤檢查計提減值準備是否正確，有無多記或記現。

　　⑥檢查產品和材料盤虧、報損報廢有無多報或多記盤虧等事，如有多報多記或虛報的，應予調整；並對虛報損耗的，查究責任。視其有無營私舞弊之事。

⑦檢查設備購置費用，有無虛報的情況。

⑧檢查差旅費用，有無虛報或超標準報銷差旅費的。

如有，應查明原因和責任。此外，還應檢查有無屬於個人負擔的費用，列作差旅費；如有，應查究責任。

⑸財務費用的追蹤診斷

此項診斷較為簡單，主要查明下列兩個問題：

①在財務費用中，有無把不屬於財務費用的罰款、罰息支出和應屬後期負擔的利息記入本期。

②匯總收益與利息收入是否入帳，抵消財務費用。

除上述五項主要影響利潤的項目外，還有其他業務收入和其他業務支出、投資收益或發生虧損、營業外收入或營業支出。如果這些非主要影響因素發生重大影響或變化，也需按上述介紹方法進行追蹤調查，一直到弄清原因、明確責任為止。如涉及貪污盜竊、營私舞弊事項，應注重取證。為方便治理時運用參考。

2. 第二步，關於資金週轉困難的追蹤診斷

資金週轉困難主要表現在現金支付能力差。其原因很多，如盲目賒銷，應收帳款過多，盲目購建固定資產和設備用具，存貨過多，不適當的長期投資等，都會造成企業現金短缺，週轉困難，此項檢查，應針對影響資金週轉的主要原因，從下列幾個方面進行追蹤診斷。

⑴應收帳款的追蹤診斷

①查看企業銷售政策的實施情況，審核應收帳款的原因及其狀況。

a.先檢查賒銷情況，通過計算賒銷率，然後，判斷其賒銷政策的實施情況。

　　賒銷率越低，回收的銷售貨款越多，銷售政策實施效果越好；反之，被拖欠貨款越多，銷售政策實施有問題。但是過低賒銷售率會對銷售額產生不利影響。

　　b.檢查銷售貨款由回程度。可用已收帳款率判斷貨款收回程度和被拖欠的狀況，其公式為：

　　賒銷率＝（年銷額÷年全部銷售額）×100%

　　例如，某企業全年賒銷額 5000 萬元，年末應收帳款各帳戶餘額為 3000 萬元，按公式計算已收帳款率為 40%，尚有 60%貨款被施欠。已收帳款率為正指標，其比率越高越好，表明已收回貨款越多；反之，就越少。它是測算資金週轉困難的一個重要指標，反映貨款被拖欠的狀況。

　　c.檢查應收帳款可收回程度。檢查時，先用帳齡分析法，將每筆應收帳款按拖欠的時間長短列表分類統計，或者用客戶經濟狀況的好壞分類統計。然後再測算應收帳款可收回程度。凡是拖欠時間長的、客戶經濟困難的，列作收回性很差的。計算時，可用下列公式：

　　已收賬款率＝1－（年末應收帳款餘額÷全年賒銷）×100%

　　d.檢查壞帳準備計提情況。企業採用什麼方法計提壞帳準備，計提是否正確，有無故意多計或少計行為存在。計提不準，將影響企業資金週轉，影響企業的利潤。

　　②重點檢查被拖欠的金額較大和時間超過 6 個月的應收帳款。逐筆查明原因，時間和可收回性，以及企業催收情況。如發現客戶故意拖欠的，應加緊催收。如屬於內部催收不力，應督促有關人員抓緊催收，及時收回貨款。

　　③檢查有無與企業銷售無關的應收帳款。應查明具體業務內

容、時間、有關責任人員造成損失。

④逐筆檢查應收帳款，視其有無已收回，而未入帳而私自侵吞或挪用之事；如有，應查明原因，弄清責任及性質。

⑤檢查有無將預付貨款列作應收款帳，然後又列作壞帳損失，予以侵吞；如有，應查明事實，弄清責任。

(2)存貨的追蹤

此項診斷，主要查明下列問題：

①存貨計價是否準確？有無多計或少計、借計的現象存在；

②有無存放在外的存貨或不入帳存貨。如有，怎樣形成的，應查明原因；

③屬於超貯積壓、滯銷、不適用、質次、殘損、質次價高的存貨各有多少。檢查時，可以採用盤存、覆核、核對、檢查、查詢等方法。

(3)固定資產的追蹤

①近三年來有無新購新建固定資產，購建的固定資產所需的資金來源是企業自有的，還是舉債借入，或新增的投資；

②新購建的固定資產用於那些方面，投入使用後產生的實際效益如何，能否抵付資金成本；

③新購建的固定資產投入使用後，舊的機器設備如何處理，是繼續使用，還是轉讓出售；

④新購建的固定資產所需資金若是向銀行借來的，償還情況如何，有無無力償還的情況；

⑤用自有資金購建固定資產，企業資金週轉會產生何種困難。

(4)預付貨款的追蹤

①預付的貨款，是否按合約預付的；預付時有無取得信用擔

保，並經領導批准。

②有無不屬於本企業訂購商品材料的預付貨款；如有，應查清
內容明確責任。

③預付貨款後有無發生供貨方違約之事；如有，採取何種措施
處理的。或在預付貨款後，有無發生長期不到貨，受騙上當這事，
有的話，則應查證清楚。

⑸長期投資的追蹤診斷

企業對外長期投資，區分為股票投資、債券投資和其他投資。
長期投資的追蹤診斷，應查明下列問題：

①企業對外投資屬於何種投資，投資的目的是什麼。

②全權投資有無到期末收回本金和利息之事；如有，是何原因。

③股票投資佔被投資企業股佔有率的比例是多少，有無取得控
制權和決策權，效益如何？

④其他投資是用什麼方式投資的，被投資的企業是合資、合作
企業，還是聯營企業。投資後的實際收益如何。

⑤企業用現金投資於其他企業，對本企業資金週轉有無影響，
如果是用銀行借錢投資於其他企業，其投資收益率是否高於資金成
本。

⑥有無發生對企業生產經營無關的人情投資，如有，應查清楚。

⑹遞延資產的追蹤診斷

遞延資產是非實物資產，數額過多，就會造成資金週轉困難。
此項診斷，主要查明下列三個問題。

①遞延資產佔全部資產的比重是多少，它對企業流動資金週轉
有無影響，其影響程度怎樣。

②發生的開辦費和大修理費用有無利用職權虛報開支或大肆

揮霍浪費的情況；如有，應查明原因和責任。

③遞延資產批銷有無超過規定期限，或提前攤銷的情況。如有，應查清金額有多少？

(7)在建工程的追蹤診斷

在建工程有改建、擴建、新建和重建等四種。凡是改、擴、新、重等建造，都需耗費企業的大量貨幣資金，如果企業財力不足，盲目建設必然影響企業資金正常週轉，導致資金週轉困難，且建設週期越長，困難越大。在建工程的追蹤診斷主要目的是查明下列問題：

①在建工程性質是改建、擴建、新建還是重建，建設前有無做過可行性研究，有無建設計劃、工程預算；

②整個工程需要的資金量，資金的來源是財政撥款的，還是向銀行借入的，或者是自籌的資金；

③工程是出包的，還是自建的；

④工程建造有無將企業經營所需的現金和存款用於購買材料、物資、設備和支付薪資及其它各種工程建造費用，支付後對企業生產經營的資金週轉程度如何；

⑤在建工程目前的施工進度如何，有無發生延長施工期的可能。如有延期應查明原因及效益。

(8)資本額過少的追蹤診斷

①實收資本佔註冊資本的比率是多少，在實收資本中現金和存款佔實收資本的比率是多少。如果實收資本佔註冊資本比率不到100%的，表明投資不足。實收資本中的現金和存款佔實收資本的比率很低，表明用於經營週轉的資金很少，不足以滿足資金週轉的需要。這兩種情況，都是造成資金週轉困難的根本原因，所以，必須查明實收資本過少和現金存款過少的原因，是投資者財力不足，還

是不願意多投資。

②查明有無增加投資的可能性和必要性。首先,要查明企業生產經營的狀況和財務狀況,以及影響企業資金週轉困難的主要原因。如果主要原因是資本額過少,就表明有必要增加資本。其次,查明投資者有無財力,以及對企業經營的信心和企業未來發展的前景和期望。

(9)無盈分利的追蹤診斷

企業無盈分利,或虧損分利是殺雞取蛋的做法,這是造成企業資金週轉困難和資產流失殆盡的主要原因。例如,某企業不論虧本與否一律分發獎金和股利,結果無力繼續經營,被人收購。無盈分利的追蹤診斷,主要查明以下問題:

①企業虧損、無盈或少盈時,有無巧立名目濫發福利費、獎金、實物和股利的情況。此項檢查,可在現金日記帳,銀行存款日記帳和有關支付給個人的薪資、費用、獎金等原始憑證中查看,視其發放的金額和人員有多少。

②從利潤和利潤分配帳戶檢查利潤分配的情況,有無不按財務法規規定的流程和比率分配利潤的。

③檢查企業有無帳外的現金收入和私分財物的情況;如有,應查清有關人員的責任。

以上是有關造成資金週轉困難的主要原因和表現所在追蹤檢查的內容。檢查後,應將檢查的結果予以歸類、分析、排列,確定造成資金週轉困難的主要因素及弊病性質和表現,以利於對症治理。

3.第三步,關於資不抵債的追蹤診斷

資不抵債是指企業的實體資產價值抵償不了所欠的全部債

務。實體資產價值是指實體資產的實有數，而不是指帳面價值，也不包括待攤費用、遞延資產、無形資產在內。資不抵債，無力償還債務的追蹤診斷，主要查明下列幾個問題。

⑴所欠的債務到期和逾期不能償還的有多少（包括利息在內），未到期或即將到期需要償還的有多少（包括利息在內）。

⑵確定企業的資產總額是多少。其中現金、存款、應收票據、應收帳款淨額、存貨、固定資產淨值、有價證券、長期投資、預付貨款等資產有多少。

⑶根據實有的負債額和實有的實體資產總額計算資產負債率，檢查資不抵債的狀況和償債能力，判斷是否確無能力償還所欠債務。

⑷檢查企業有無帳外資產，或將資產隱匿轉移，抽走資金的情況。

⑸重點檢查產生資不抵債，無力償還債務的原因。此項檢查，可從企業盈虧情況，資金週轉，商品開發能力、經營決策、投資決策和建設等方面進行檢查。因為這些方面的問題，都是造成企業資不抵債的主要因素。檢查時，可參照前述各種弊病追蹤檢查的內容和方法。

4. 第四步，關於舞弊行為的追蹤診斷

企業內部發生種種舞弊行為，最終都集中表現為財務上的舞弊。而財務上的舞弊行為主要表現在偽造憑證、虛報支出、隱匿收入、貪污挪用、內外勾結、騙取錢財、營私牟利、私分財物、上下勾結、抽逃資金、侵佔資財等。財務上舞弊一旦發生，就會企業造成損失。

財務上舞弊都是發生在財務收支過程中，且與企業各種經營與

管理中的弊病有關。所以，財務舞弊的追蹤檢查應與前述各種弊病追蹤診斷結合起來，才能奏效。診斷時，應從下列各方面著手：

(1)檢查現金和銀行存款日記帳的付方記錄和有關付款原始單據，並與有關帳戶核對。查核付款的真實用途，明確有無用途不明、偽造憑證、虛報支出之事，同時，檢查收方記錄和收款原始單據，查核有無收入的來源不明和少收少入帳行為。

(2)檢查費用帳戶的借方記錄和有關費用單據，有無偽造單據，巧立名目，假借名義，虛報費用的情況，或把屬於個人負擔的費用列入企業費用帳戶。

(3)檢查應收帳款、預付貨款的借方記錄，有無貨物早已發出，久未收回貨款或款已預付，久未見到收取貨物之事。重點檢查與企業銷售無關和訂購無關的應收帳款和預付貨款。

(4)檢查企業內部人員有無利用職權私收貨款不入帳行為。

(5)檢查應付帳款、其他應付款和預收貨款帳戶貸方記錄，有無虛列負債，隱匿收益，過後以償還債務為名付出現金和銀行存款以及應付票據之事發生。

(6)檢查進貨的劃方記錄，有無內外勾結，虛抬進價，或偽造進貨憑證，虛列進貨，貪污錢財行為。此項檢查，包括設備用具和固定資產購建在內。

(7)檢查供銷人員，有無利用職權在外私做交易，賺錢歸私人，虧本歸企業之事；或者長期派駐外地銷售人員，謊報貨物變質，削價出售行為。

(8)檢查現金、銀行存款發生額及實存數，與銀行對帳單逐筆核對，看有無發生出納人員挪用現金或簽發支票貪污挪用銀行存款，或用公款炒賣股票、期貨行為發生。

上述各項，如有發生，應查究有關人員責任。

三、財務弊病的治理

　　首先要摸清財務弊病的性質和表現。此項工作，須將各種財務弊病追蹤檢查的結果進行整理歸類，綜合分析各種查明的弊病，找出危害企業生存和發展的主要弊病及其主要原因和表現所在。同時，進行定性和定量的分析，確定主要弊病的性質及其對企業生存和發展的危害程度。

　　其次，要根據弊病特點結合企業情況對症治理。在確定主要弊病的性質和表現所在以及危害程度後，制定治理方案，提出對症治理的方法和措施。

　　財務弊病治理的方法和措施，必須針對企業生存和發展危害較大的主要弊病和產生弊病的主要原因及表現，從下列幾個主要方面著手擬定。

1. 關於虧損企業治理的辦法和措施

(1)開源：擴大銷售，增加收入

　　①開發新產品、改進老產品，改進產品結構，優化產品組合，增產熱銷、質優、利厚產品。停產不適銷、滯銷和無利產品，提高產量和產值利潤。

　　②擴展銷售網站，溝通銷售管道，擴大經營範圍，廣開銷路，增加銷售收入。

　　③培訓銷售人員，提高銷售人員素質，改革銷售方法，增加今後服務，提高服務質量，增加銷售收入。

　　④增加廣告支出，利用各種宣傳媒體，積極主動地介紹產品性

能和功能，開展展銷活動，誘發客戶購買，增加銷售收入。

⑤實行有獎銷售、折扣銷售和分期收款銷售，擴大銷售收入。

(2)節流：降低成本，緊縮開支

①提高產品設計質量，降低材料消耗和薪資成本，減少生產成本。

②緊縮費用開支，減少費用支出。實行費用定額管理，控制所有費用支出，避免和減少浪費和損失。

③加強物資、設備的維護保管工作。減少資金佔用、減少物資的損耗和設備修理費用。

④制止無利分利、虧損分利。實行獎金和薪資與利潤掛鈎的方法。利多獎多，防止濫發獎金和其他福利費用。

⑤避免高利借貸，減少利息費用。

⑥妥善安排富餘人員，減少薪資支出。

2.關於資金週轉困難的治理辦法和措施

⑴嚴格控制應收帳款，減少賒銷，積極組織催收拖欠貨款，壓縮應收帳款。

⑵實行賒銷核准制度，控制應收帳款額度，凡是巨額賒銷均應簽訂合約，取得信用擔保，並經企業領導核准，控制應收帳款額度。

⑶擴大現金銷售，減少賒銷，壓縮應收帳款。這是減少應收帳款的重要辦法，也是實行「貨出去、錢進來」，「一手交貨、一手收款」的重要原則。

⑷改進貨款結算方式，儘量採取銀行承兌匯票、支票、本票和信用證結算方式，以便按時收回貨款，防止久被拖欠。

⑸嚴格控制預付貨款，預付貨款均須憑合約由領導核准支付。對於巨額的預付貨款，均應取得信用擔保，以防受騙上當，貨款預

付後，應加緊催收貨物。如發生收到的貨物，品種、規格化，質量、數量與合約要求不行，應立即辦理退貨、交涉，及時收回貨款。

(6)嚴禁支付不屬於企業經營範圍，或與本企業經營無關的預付貨款，以及無信用擔保的預付貨款。以防內外勾結，營私舞弊，或受騙上當，佔用企業資金。

(7)嚴格遵守會計制度。凡是應收帳款均應設置明細帳，實行一戶一個帳戶，發生的每筆應收帳款，或收回的應收帳款均應在摘要欄內詳細說明、記錄，以便查對，並防止帳目含混不清。

(8)嚴格控制應收票據，縮短應收票據承兌期限，儘早收回貨款。按照商業承兌匯票結算辦法規定，承兌匯票的期限是最短 3 個月，最長 9 個月。收取票據時，應當儘量與客戶協商，把期限爭取為 3 個月。即使持票向銀行貼現，也可以減少貼現利息。

(9)大量壓縮非生產經營用的設備和用具的購置，轉讓、出售機器設備，減少過多的固定資產，盤活資產，以利於資金週轉。此外，還應充分挖掘出有機器設備的潛力，在不增加新的機器設備的條件下，提高產量，以控制新的固定資產的購建，有利於資金週轉，減少折舊費用，降低生產成本，增加盈利。

(10)大量壓縮非急需的、非生產經營的工程建造和材料物資的購買，嚴禁建造非計劃工程和擴大工程建造規模；縮短在建工程的施工週期，節約建設資金，提高建設效益，加快資金回收，以利於資金週轉。

(11)實行勤進快產快銷，壓縮產品和材料庫存，轉讓和出售不需用的材料，處理冷背呆滯、質次殘缺、不適銷的產品，以利於資金週轉。

(12)大量壓縮非盈利性的裝飾費用，節約費用開支。

⒀大量減少不必要的長期投資。其中包括股票投資、債券投資和其他投資。因為企業的經營主要是立足於主營業務經營的發展，且財力有限，過多的長期投資，減少自己有限的財力，必然不利於企業自身的資金週轉，造成資金週轉困難。對於已經發生的長期投資，應該設立專門機構或人員嚴加控制和管理，否則，會造成重大損失。

⒁改進財務管理，完善各種資產的內部控制制度。其中包括應收帳款、應收票據、固定資產、存貨、預付貨款、建造、銀行存款和現金、有價證券等實體的資產的管理制度、報告制度、崗位責任制、會計核算和內部審計制度，充分發揮財務監督、會計監督和審計監督的作用，加強資產的控制和管理，預防弊病的發生。

3.關於舉債過多的辦法和措施

⑴壓縮有息借款，減少利息支出。

⑵減少和避免高利率的借款，這是減輕企業經濟負擔的重要辦法。

⑶減少有息借款的額度。有的企業，一方面存款很多閑著不用；另一方面卻大量借入，或借後不還。如果存款利息很少，借款利息很多，形成虧損。所以，企業應儘量減少借款額度，以減輕利息負擔。

⑷增加無息債務，利用外界資金參與週轉。

⑸增加應付票據。因為應付帳款一般不需要支付利息，不會加重企業負擔。這樣，就可以利用其他企業資金暫為企業生產經營所用，獲得經營利潤。

⑹增加應付票據。主要是增加不帶息票據，其好處與上述增加應付帳款的相同。

⑺增加預收貨款。這也是一種理財的方法，其優點與上述應付帳款相同。

⑻增加補償貿易應付款。因為補償貿易的應付款，只需用加工收入償還，不需用現金償付，同時，不增加利息負擔。

⑼嚴格控制借入款項的用途。借入的款項不能用於非生產經營，更不能將借入款項轉借給其他企業，一是違反銀行信貸法規；二是風險很大，一旦對方無力償付，將會使企業遭受沉重打擊。因此，企業必須嚴格控制借入款項，不能將借入款項轉借給其他企業。

⑽加強借款的核算。這主要是加強對資金成本和投資收益的測算，以保證舉債經營獲得的利潤。如發現投資收益率不能高於資金成本的，即不能達到標準值的，不宜舉債經營；否則，將會產生嚴重後果。

⑾嚴禁將與企業生產經營無關的私人債務列作企業債務，嚴禁發生虛列債務，利用會計技巧，抽逃企業資金。

⑿改進債務管理，完善債務內部控制制度。其中包括債務管理制度、報告制度、崗位責任和內部審計制度，加強債務監督檢查，以防弊病的發生。

26

透過資產負債表診斷企業健康狀況

　　資產負債表反映了企業的資產、負債和所有者權益情況。通過資產負債表要素項目構成分析，可瞭解企業的健康狀況；通過近期的資產負債表舉例分析，可瞭解企業近期的健康狀況；通過分析連續幾期資產負債表指標的變動趨勢，可診斷企業健康狀況變化情況。

一、由資產負債表診斷企業健康狀況

1. 從資產負債表要素構成來診斷

　　資產負債表是由資產、負債和所有者權益要素所構成。這三項要素的不同構成比例，反映了企業的不同健康狀況，穩健性及財務風險性。為便於比較，根據其要素對稱構成比例的不同，可概括分為 A、B、C 三種類型(如下圖)。

A 公司

資產 90				
流動資產 40		長期資產 50		
流動資產 12	長期負債 18	實收資本 30（股金 10）（機器 20）	公稅金 17	未分配利潤 13
負債 30		所有者權益 60		

B 公司

資產 90		
流動資產 45		長期資產 45
流動資產 33	長期負債 27	實收資本 30
負債 60		所有者權益 30

C 公司

資產 90	
流動資產 44	長期資產 46
流動負債 55	長期負債 45
負債 100	

　　A 公司為健康狀況正常企業的資產負債表的要素構成狀況，雖然各企業表中各項目金額的橫線位置會有些不同，但基本上都是 A 型的佈局或結構，所以可以稱為理想型結構，這類企業的財務狀況是比較好的，也是較為穩固的。

　　B 公司為健康危險型企業的資產負債表的要素對稱構成狀況，也稱為危機型結構。這裏又有三種情況：

　　①如圖所示，既無積累（即公積金和未分配利潤）也無虧損，在此情況下，如經營中產生盈利，能轉化為 A 公司；如一旦發生虧損，就損失了投資者投入的資本，它是一種保本型的結構。

　　②除實收資本還有部份公積金，同時未分配利潤出現負數，但兩者數額接近。它說明在經營中已經發生了虧損，但尚未失本。

　　③當未分配利潤負值大於公積金數額時，說明企業經營中已經損失了投入的資本金，已轉化成危機型，未分配利潤的負值越大失本越多，當負值等於實收資本時，實收資本就虧完了，企業全部資產都是債權人提供的，報表使用者必須高度重視和觀察這類企業的變化趨勢。

　　C 公司為破產型企業的資產負債表要素對稱狀況。圖示 C 公司說明該類企業不僅虧損了投入的全部資本，而且還虧掉了一部份借入資本，企業已經資不抵債。所有者權益已形成負值，已不具備經營條件。對這類企業一般應採取債務重組措施，債權人做出讓步，同意繼續承擔義務或政府給予干預，允許企業通過較長時間的努力，起死回生，用獲取的利潤逐步償還債務，但如果不能成功，企業只有破產清算。

2. 從資產構成狀況來診斷

　　資產是企業擁有及控制的各種各樣的不同類型的經濟資源，是企業生產經營活動的經濟基礎。但是各類資產配備如何，各種資產的質量如何。能否適應市場需要，對企業盈利能力及持續經營至關重要。資產構成狀況分析診斷，就是分析企業各類資源的配置及其質量狀況，進而判斷企業資產流動情況。資產構成狀況分析包括：各類資產構成狀況分析、類內各項資產構成狀況分析、固定資產構成狀況分析。

(1)從各類資產構成狀況分析診斷企業健康狀況。它是通過計算資產負債表內各類資產價值佔總資產價值之比表示的。

[例1]夏亮公司2000年12月31日資產負債表的資產項目構成如下：

資產構成狀況表

項目	期末金額(元)	構成比率(%)
①	②	③＝②/資產總計
流動資產		
貨幣資金	4551240	6.20
預付賬款	8080248	11.00
應收款項	6696452	9.12
存貨	945531	1.29
流動資產合計	20273561	27.61
長期投資	425000	5.79
固定資產原價	47526582	64.74
減：累計折舊	2902242	3.95
固定資產減值準備	8390040	11.43
固定資產淨值	36234300	49.36
在建工程	3891458	5.30
固定資產合計	40125758	54.66
無形資產	8763850	11.94
資產總計	73413169	100.00

從資產構成狀況表中可以看出，在夏亮公司資產構成為：流動

資產佔 27.61%，長期投資佔 5.79%，固定資產佔 54.66%，無形資產佔 11.94%。這種構成狀況是否合理，要與歷史情況以及同行業水準相比較，還要弄清每類資產的構成及質量狀況，例如有一企業房屋土地是企業所有，而另一企業所使用房屋是租用的，在這種情況下，前者固定資產所佔資產的比率要比後者高。

(2)從各類資產構成比率分析診斷企業界健康狀況。以上只分析了資產構成，在每類資產又由那些項目構成，也需要做深入分析，才能識別企業資產構成是否合理、資產配置是否適當。

[例 2]夏亮公司 2002 年 12 月 31 日固定資產構成情況如下：

固定資產構成分析表

固定資產類別	期初金額	構成%	期末金額(元)	構成%
房屋及建築物	26807108	57.28	26807108	56.40
機器設備	14621252	31.24	14811252	31.16
運輸設備	970495	2.07	991495	2.09
其他設備	4404727	9.41	4916727	10.35
合計	46803582	100.00	47526582	100.00

從上表可看出各類固定資產所佔比率大小，比例是否合理。將期末比率與期初比率相比，可看出本期固定資產的變動數。

除上述比率外還要對存貨構成比率、應收帳款帳齡構成比率、長期投資成比率等，進行分析診斷。

(3)從資產減值準備比率分析診斷企業的健康狀況。資產減值準備明細表提供了應收帳款、短期投資、存貨等八項資產減值準備及其報告年度的增減變動情況，但未曾說明該項資產減值的程度，

通過減值率分析，可進一步診斷資產的質量狀況。減值率計算公式如下：

減值率＝（減值準備÷資產原值）×100

[例 3]夏亮公司應收帳款、存貨和固定資產的減值準備比率如下：

資產項目	帳面原值	計提減值準備	減值率%
應收帳款	8571574	1875032	21.88
存貨	1166607	221076	18.95
固定資產	47526582	8390040	17.65
無形資產	11568282	2804432	24.24
合計	68833045	13290580	19.31

通過上述分析可看出該企業資產的減值準備率是較高的，平均19.31%。說明企業資產質量低，變現能力差。

3. 從各類資產價值質量診斷企業健康狀況

它是通過計算各類資產處於各種不同價值質量狀態資產佔該類資產總額的比率，以瞭解各類資產價值的，進一步瞭解資產價值質量狀況。

(1)從存貨價值質量診斷企業健康狀況。存貨是企業經營活動中一項重要經濟資源，但存貨價值質量如何。是否適銷對路，能否及時變現關係到企業的盈利能力和償債能力，診斷時應加以重視。

[例 4] 夏亮公司各類存貨的價值如下：

存貨質量狀況分析

項目	期末金額	其中三年以上部份		計提跌價準備		淨值
		金額	%	金額	%	
原材料	141956	101100	71.22	18516	15.00	123440
在製品	11850	0	0	0	0	11850
產成品	1012801	608912	60.12	202560	25.00	810241
合計	1166607	710012	60.85	221076	23.38	945531

　　從上表各種資產價值狀況比率可以看出：原材料庫存數額不大，但價值質量較差，其中 71%以上都是積壓三年以上，而庫存產成品積壓三年以上的佔了 60%。可見，該公司的存貨存有嚴重問題，變現能力較差，絕大部份不適應市場需要，應及時加以處理。

　　(2)從應收帳款價值質量診斷企業健康狀況。應收帳款是經營活動中不可缺少的一部份資金。但這部份資金運用得好，有利於企業經營成果，運用不好反而給企業帶來損失，因此，應注意對應收帳款分析診斷，識別其價值質量狀況。

[例 5] 夏亮公司 2002 年 12 月 31 日應收帳款按帳齡分析如下：

應收帳款帳齡分析表

	賬齡	1 年以內	1 年以上-2 年	2 年以上-3 年	3 年以上	合計
期初	金額	1496080	1230108	1832697	2735687	7294572
	計提壞賬	0	123010	366539	820706	1310255
	淨額	1496080	1107098	1466158	1914981	5984317
	(%)	25.00	18.50	24.50	32.00	100.00
期末	金額	1476308	963892	2092670	3826571	8359411
	計提壞賬	0	96389	418534	1147971	1662894
	淨額	1476308	867503	1674136	2678600	6696547
差額	(%)	22.05	12.95	25.00	40.00	100
	(%)	-2.95	-5.55	+0.50	+8.00	+11.90

　　從以上分析可看出該公司應收帳款的價值質量從總的來看收回可能性較差，從帳齡構成來看，2002 年末 2 年以上佔 65%，其中 3 年以上佔 40%，一般情況 3 年以上應收帳收回可能性不到 50%，從發展趨勢分析，2 年以上部份年末比年初增加了 8.5%，相反而 2 年以下的部份，年末比年初還降低了 8.5%，從發展趨勢分析該公司的應收帳款質量也較差、變現能力極弱，影響企業健康。

　　(3)從固定資產價值質量分析診斷企業健康狀況。通過企業固定資產新舊程度比率分析可識別固定資產質量狀況及其利用狀況，對做出固定資產投資決策，加強管理、提高使用效果有重要意

義。

　　[例 6]夏亮公司 2002 年 12 月 31 日的固定資產及其計提折舊、計提減值準備如下：

固定資產質量分析表

類別	原值	未使用與 不需用設備	已提 折舊	計提減 值準備	淨值	構成(%)
房屋及 建築物	26807108	0	1005267	2004040	23797801	65.68
機器 設備	14811252	10631512	1542099	5418360	7850793	21.67
運輸 設備	991495	0	89234	213580	688681	1.90
其他 設備	4916727	2501800	265642	754060	3897025	10.75
合計	47526582	13133312	2902242	8390040	36234300	100.00

　　根據以上資料可以進一步分析識別該公司的固定資產各類別的質量狀況。具體指標計算分析如下：

　　固定資產整體的新舊程度計算為 93.89%(1－2902042÷47526582)，可見該公司的資產投入時間較短，整體的成新率達 93%以上。但從類別來看，比較差的是機器設備，在原值 14811252 元總額中，不需要和未使用的高達 10631512 元，佔該類資產的 71%～78%,也就是說有 71%以上的設備使用不久就不需要和未使用的，而該類設備的成新率高達 89.59%(1－1542099÷14811252)，這充分說明該公司購置新設備使用不久就不需要了，這一數值充分說明該公司在固定資產投資決策上存在嚴

重失誤。否則不會形成如此狀態。

另 一 方 面 看 ， 該 類 資 產 計 提 減 值 準 備 高 達 36.58%(5418360÷14811252)。可見該類資產將嚴重影響公司的經濟效益和健康狀況：該公司房屋及建築物價值佔全部固定資產總值的 56.40% ， 但 該 類 資 產 的 成 新 率 高 達 96.25%(1 － 1005267÷26807108)，使用時間只有 1 年多，如果使該類資產能充分發揮其作用，將為增加公司的經濟效益作出貢獻。如果不能很好地運用，可能成為負擔。

從其他設備類資產來看。未使用或不需用的設備佔該類資產原值的 50.88%，說明該類資產中有 50%目前正在閒置，短期內也派不上用場，而該類設備的成新率高達 99%以上，說明有大部份設置購置後就放置未用，可見該公司在設備使用上存在很大浪費，有待加強設備管理，把不需用或未使用的設備及時清理出去，發揮物盡其用的效果。

二、由資產負債表項目診斷近期健康狀況

診斷企業近期的健康狀況，首先要根據近期資產負債表中的資料結構，通過計算相關比率的數值，然後與標準值或正常值進行比較，從而判斷其財務現狀是否健康？

1. 由資本構成來診斷企業健康狀況

企業要進行生產經營活動必須有資本金，這些資本一是來自投資者的投放及留存收益，這部份資本稱為自有資本。另一部份是來自借入及尚未償還的債務，這部份資本稱為借入資本。資本構成是研究分析資本各項目之間的比率關係。資本構成不同，企業健康狀

況也有異。資本具體內容包括：負債股東構成診斷分析、自有資本充足率診斷分析，債務資產構成診斷分析。

⑴ 從自有資本構成診斷企業健康狀況

自有資本構成是以自有資本佔全部資本總額的比值來表示。自有資本是企業自有的不需要償還，而且又不付代價而供經營長期使用的資金。它的多少說明企業規模的大小及實力的雄厚。自有資金過少，就必須通過大量借款籌措所需要的資金，才能擴大經營。在借款過多的情況下，一方面要支付大量的借款利息，另一面到期必須償還，一旦市場蕭條、銀根緊縮，資金週轉就會陷入困境，企業發生財務危機。自有資本是否過少？可用自有資本構成比率分析判斷，計算公式如下：

自有資本構成比率＝自有資本÷（自有資本＋負債總額）

在一般情況下該比率在 50%以上較為合適，達不到 50%，其財務狀況就不夠穩定，一旦市場疲軟，就會發生財務困難，危及企業正常運營。

⑵ 從負債股東權益比率診斷企業健康狀況

資產負債表中的負債與股東權益之比稱為「財務槓杆」，財務槓杆率的高低表明企業能夠控制與運用大於自有資本的資源。但財務槓杆是把雙刃劍，如果企業投資回報率高於負債成本率（即支付負債籌資的利息及費用佔負債資金的比率），財務槓杆率的提高，就會給企業帶來淨資產（即自有資金）收益率的增加；但是，如果投資回報率低於負債成本率，則財務槓杆率的提高，反而使企業淨資產收益率降低，而且企業一旦不能按時還本付息，就會產生財務危機。可見，財務槓杆率高低影響企業財務健康狀況。

負債與股權比率直接影響企業的經濟效益，進而影響企業的生

存。那麼兩者比率達到何種程度較合適呢？根據經驗，將兩者不同的比率分為理想型、健全型、資金週轉不靈型，危險型和倒閉清算型。

債務股東權益比率＝負債總額÷所有者權益總額

對企業來說，該比率反映了企業需要按期支付利息或償還的債務佔所有者權益的倍數；對債權人來說，該比率表明企業負債有多大部份是由所有者權益做保證的。根據經驗判斷當兩者比率：為 1 時稱為理想型，2 時為健全型，5 時為資金週轉不靈，10 以上時就危險了，達到 30 以上時就要倒閉清算了。

[例 7]夏亮公司，2002 年 12 月 31 日資產負債表的相關項目列示如下：

項目	期末餘額(元)
資產總計	73413169
其中：流動資產	20273561
長期及固定資產	53139608
流動負債	8416040
其中：銀行借款	3720000
應付帳款	1405142
長期負債	62302910
其中：長期借款	55000000
負債合計	70718950
所有者權益	2694219
其中：股本	53186656
未分配利潤	−50462437

根據上述資料看出，該公司的負債股東權益比率為 26.25%倍

（即 70718950÷2694219），說明該公司將要倒閉清算了，因為公司無能力償還到期負債。

⑶從自有資本充足率，診斷企業健康狀況

它反映了企業自有資金佔全部資產的比率。自有抵禦風險的緩衝器，自有資本充足率越高，表明企業抵禦風險的能力越強，企業的財務狀況越穩固，企業越健康，計算公式為：

$$資本充足率＝股東權益合計÷資產總計$$

［例 8］夏亮公司 2002 年 12 月 31 日的資本充足率計算如下：

$$自有資本充足率＝2694219÷73413169＝0.037$$

顯然，該公司的自有資本根本不能適應經營活動的需要，無法進行正常的經營活動。

⑷從債務資產比率診斷分析健康狀況

債務資產比率反映了企業的債務佔全部資產的比率。

這一比率越低說明企業財務狀況越穩定，企業越健康。但是如果這一比率太低，說明企業不能很好地運用債務資金來開拓生產經營活動。

計算公式為：

$$債務資產比率＝負債合計÷資產總計$$

［例 9］夏亮公司 2002 年 12 月 31 日的負債資產如下：

$$債務資產率＝70718950÷73413169＝0.96$$

比率表明該公司資產總額中有 96%是由負債形成的，而只有 4%的資產是由自有資本形成的。假如債務到償還期，該公司無能力進行償還。

該比率一般不應該大於 60%，如大於此比率企業的債務負擔過重，超過了資本基礎的承受能力，企業健康狀況受到威脅。

2.由資產流動性來診斷企業健康狀況

流動性財務指標是分析測量企業的流動性資產質量和償還短期債務的能力。流動性財務指標包括流動比率、速動比率、存貨流動負債比率、營運資金狀況、現金流動負債比率和現金負債比率等。

(1)從流動比率診斷企業健康狀況

流動比率是流動資產佔流動負債的比值，它主要反映企業的短期償債能力，比率越高表明企業償債能力越強。計算公式為：

$$流動比率＝流動資產÷流動負債$$

以夏亮公司為例，其流動比率為：

$$流動比率＝20273561÷8416040＝2.41$$

上述比率表明該公司的流動資產相當於流動負債的 2.41 倍，說明該公司以其短期內可轉換為現金的流動資產，足以償還到期的流動負債，長期償債能力強。

一般認為生產經營性企業，比較合理的流動比率最低為 2，因為在生產性企業中，處在流動資產中變現能力較差的存貨資金，往往佔流動資產的 50%，其餘的流動資產至少應等於流動負債，這樣企業的短期償債能力才有保障，但是這種認識還不能成為一個統一標準。因為具體到每個企業，其變現能力較差的存貨不一定是 50%，另外企業流動資產中的應收帳款等，也未必能在長期內可以收回變現，因此，它不是理論證明，應結合企業的具體情況分析運用。

(2)從速動比率診斷企業健康狀況

流動比率雖然可以用來評價企業的長期償債能力，但人們（特別是短期債權人）還希望獲得比流動比率更進一步有關變現能力的指標。這個指標被稱為速動比率，也稱酸性測試比率。

速動比率是從流動資產中扣除存貨流動負債的比率。計算公式

為：

速動比率＝（流動資產－存貨）÷流動負債

以夏亮公司為例，該公司 12 月 31 日存貨為 94530 元，則夏亮公司的速動比率為：

速動比率＝（20273561－945530）÷8416040＝2.30

上述比率表明該公司的速動資產相當於流動負債的 2.3 倍，說明該公司的存貨完全不變現，也有足夠的能力來償還將要到期的債務。但事實並非如此，如夏亮公司預付貨款 8080248 元，其他應收款 6554537 元，兩項之和佔了流動資產的 72%，這兩部份資金使用情況複雜，變現能力較差，從這一因素分析，該公司的償債能力並不樂觀。

這些情況企業財會人員較為清楚。而外部會計資訊使用者不易瞭解，因此只從報表數字分析判斷企業償債能力和健康狀況有一定局限性。

⑶從存貨流動負債比率診斷企業健康狀況

存貨流動負債比率是指存貨流動負債的比值，這一比率可以進一步證實企業資產的流動性和流動比率的質量。在流動比率一定的情況下，存貨流動負債比率越小，企業資產的流動性也越好，流動比例的質量也越高。企業健康狀況越好。計算公式如下：

存貨流動負債比率＝存貨÷流動負債

以夏亮公司為例，2002 年 12 月 31 日的存貨流動負債比率如下：

存貨流動負債比率＝945530÷8416040＝0.11

該比率說明存貨佔流動負債的 11%，如果存貨不能及時銷售出去，對流動負債償還也影響不大。

⑷從營運資金現狀來診斷企業健康狀況

什麼是營運資金？它是流動資產減去流動負債後的餘額。它是將流動資產的價值轉換為現金，清償了全部負債後，剩餘的貨幣量即為營運資金。營運資金越多，企業償還長期負債的能力越強。也意味著企業越健康。

如果企業的營運資金為負數，說明企業的流動資產全部變現後，仍不能償還清企業的流動負債，財務狀況非常危機，健康受到嚴重威脅。計算公式為：

營運資金＝流動資產總額－流動負債總額

以夏亮公司為例，夏亮公司的營運資金為：

營運資金＝20273560－8416040＝11857521（元）

這表明該公司有足夠營運資金進行經營活動，對短期負債的償還也不會產生問題。

⑸從現金流動負債比率診斷企業健康狀況

現金流動負債比率，是速動資產中的貨幣資金與流動負債之比。所以，通過這一比率可診斷識別速動比率的質量，在速動比率一定情況下，現金流動負債比率越大，速動比率的質量越高，企業資產的流動性越好。計算公式如下：

存貨流動負債比率＝貨幣資金÷流動負債總額

以夏亮公司為例，夏亮公司貨幣資金為 4551240 元，其比值計算如下：

存貨流動負債比率＝4551240÷8416040＝0.54

夏亮公司 2002 年 12 月 31 日的速動比率為 2.3 倍，而其現金流動負債比率只有 0.54 倍，從表面看夏亮公司速動比率的數值較高，且其質量也較好，他持有的貨幣資金能保證償還流動負債的

54%。

反映企業償債能力的五項指標中最主要是：流動比率、速動比率和資產負債率。一般財務教材分析認為公司的流動比率大於 1，速動比率大於 2，資產負債率低於 50%，是較為合理的，說明公司償債能力較強，健康狀況好。但單純從幾個指標的比率高低來判斷企業實際償債能力和健康狀況是不夠科學的，而應與企業獲利能力結合起來分析判斷。如果企業沒有獲利能力，上述償債指標即使符合標準，到時也沒有現金來償還。

因此，在分析企業償債能力時應結合其他相關指標者，較為科學。

三、從同業狀況來診斷企業健康狀況

它是將企業的財務數據和財務指標與同業單位或同業平均值進行對比，以識別該企業有無明顯偏離同行業平均水準的財務指標與財務資料，並找出產生根源，以判斷會計報表的真實性。

[例]根據大業公司及同業比較對象 2000 年底的財務指標，計算其同業平均值、同業最高值和同業最低值，然後進行比較如下：

同類企業財務數值比較

項目	同類企業數值比較				同業比較			
	比夏股份①	洞庭水殖②	華龍集團⑧	中水漁業④	武昌魚⑤	同業平均值	同業最高值	同業最低值
貨幣資金	16714	29979	18246	19697	35466	24020	29979	16714
應收賬款	2891	3691	201	17144	18007	8387	18007	201
存貨	23638	702	532	6032	1522	6485	23638	532
流動資產合計	43311	36639	39001	70355	55837	49028	70355	36639
固定資產合計	216902	3822	22683	36057	9001	57693	216902	3822
資產總計	283765	48247	70773	109438	87810	12007	283765	48247
流動負債合計	56071	3794	12640	12491	14851	19970	56071	3794
負債合計	65763	7438	17759	12491	14851	23660	65763	7438
股東權益合計	217842	40523	52553	95862	20060	85368	217842	20060
營運資金	-1276	32845	26360	57863	40986	29058	57863	-12761
比率指標								
流動比率	0.77	9.66	3.09	5.63	3.76	4.58	9.66	0.77
速動比率	0.35	9.47	3.04	5.15	3.66	4.33	9.47	0.35
存貨流動負債比率	0.42	0.19	0.04	0.48	0.10	0.25	0.48	0.04
現金流動負債比率	0.30	7.90	1.44	1.58	2.39	1.72	4.03	0.25
現金負債比率	0.25	4.03	1.03	1.58	2.39	2.72	7.90	0.30
資本充足率	0.77	0.84	0.74	0.88	0.23	0.69	0.88	0.23
債務資本比率	0.30	0.18	0.34	0.13	0.74	0.34	0.74	0.13
債務資產比率	0.23	0.15	0.25	0.11	0.17	0.18	0.25	0.11
存貨增長率(%)	0.27	-88.36	83.54	-1.95	-25.98	-6.5	83.54	-88.36
應收賬款增長率(%)	-45.52	-78.47	-61.22	2872	342.2	37.04	3422	-78.47
資本增長率(%)	24.71	-5773	209.25	394	-72.51	2153	20925	-72.51
每股收益	0.97	0.34	0.13	0.24	0.28	0.39	0.97	0.13

通過上述財務指標數據對比，可以看出比夏股份的特點及所處
位置識別判斷該企業的償債能力、財務穩健性、經濟實力等綜合能
力。如下所示：

同業比較表

比較內容	比較指標	比夏股份	同業比較值			比夏所處位置
			平均值	最高值	最低值	
從企業規模分析診斷	資產總計	283765	120007	283765	48247	最大
從持有貨幣資產分析診斷	貨幣資金	16714	24020	29979	16714	最少
從持有存貨分析診斷	存貨	22638	6485	23638	532	最高
從持有固定資產分析診斷	固定資產	216902	57693	216902	3822	最高
從固定資產佔總資產比率	固定資產/總資產	76.44	48.07	76.44	7.92	最高
從流動資產佔總資產比率	流動資產/總資產	15.26	40.85	24.79	75.94	最低
從償債能力分析診斷	流動比率	0.77	4.58	9.66	0.77	最低
從償債能力分析診斷	速動比率	0.35	4.33	9.47	0.35	最低
從償債能力分析診斷	債務資產比率	0.23	0.18	0.25	0.11	中等
從償債能力分析診斷	現金流動負債比率	0.30	2.72	7.90	0.30	最低
從償債能力分析診斷	債務資本比率	0.30	0.34	0.74	0.13	中等
從償債能力分析診斷	現金負債率	0.25	1.82	4.03	0.25	最低
從償債能力分析診斷	資本充足率	0.77	0.69	0.88	0.23	中等
從每股收益分析診斷	每股收益	0.97	0.39	0.97	0.13	最高
從資本增長率分析診斷	資本增長率	24.71	21.53	20.95	-72.51	中上

　　從以上指標對比中看出：該企業在同業幾戶中規模最大，持有固定資產最多，每股收益最高，資本增長率持中。

　　但比夏股份在償債能力方面與同業比較不甚理想，在反映償債能力的 7 個財務指標中有 4 個是最低的，而有 3 個是中中等，可見財務風險較大，健康狀況不佳，預計對到期的債務難以如期足額償還。另外比夏股份在同業中固定資產投資比率較高，這部份資金週轉慢，需要注意使用效果的考察與分析，才能做出正確判斷。

　　要正確分析判斷一個企業財務狀況是否健康，通過報表財務指標數據對比，只能發現一些異常狀況，然後順蔓摸瓜，深入實際，才能找到要害，其中一項重要的工作就是調查研究，考察報表數據與實際是否一致。如存貨，實際是否有，存貨的質量如何？是否適應市場需要，能否變現？又如固定資產，都是些什麼固定資產，有無未使用與不需要的，為什麼不能用……，這些只有通過實地調查，才能弄清真相，做出正確診斷。

　　另外還可通過實際完成與計劃指標對比，從而分析判斷企業健康狀況。

27

透過利潤表診斷企業健康狀況

　　利潤表反映了企業的收入、支出和利潤情況，通過利潤表的診斷分析，可瞭解企業近期的健康狀況；通過連續幾期利潤表變動趨勢診斷，可瞭解企業健康狀況變化情況。

一、由利潤表診斷企業近期健康狀況

通過利潤表分析企業近期健康狀況，首先應從利潤構成入手。

1. 從利潤構成診斷企業健康狀況

　　企業的利潤，一般分為主營業務利潤，營業利潤，利潤總額及淨利潤。各項利潤構成如下：

主營業務利潤＝主營業務收入－主營業務成本－主營業務稅
　　　　　　　金及附加

營業利潤＝主營業務利潤＋其他業務利潤－營業費用－管理
　　　　　費用－財務費用

利潤總額＝營業利潤＋投資收益＋補貼收入＋營業外收入－
　　　　　營業外支出

淨利潤＝利潤總額－所得稅

當然，所得稅是按利潤總額經過納稅調整後的應納稅所得額的

一定比率交納，實質上是對利潤的一項分配。利潤表構成類型分為三類六種。如表 27-1 所示：

表 27-1　利潤表構成類型

類型 項目	A		B		C	
	1	2	3	4	5	6
主營業務利潤	盈利	盈利	盈利	盈利	虧損	虧損
營業利潤	盈利	盈利	虧損	虧損	虧損	虧損
利潤總額	盈利	虧損	盈利	虧損	盈利	虧損
淨利潤	盈利	虧損	盈利虧損	虧損	盈利虧損	虧損
健康狀態說明	正常狀況且盈利水準越高，健康狀況越好	根據產生虧損具體情況而定	此種狀況如果繼續下去將會導致破產		接近破產狀態	

A 型企業屬於正常狀態的利潤表要素構成狀況，A1 這類企業最好，屬正常企業的經營狀況，當然這類企業健康狀況最好；而 A2 往往是由於非經常性的特殊情況發生損失而造成的虧損，通過採取措施，加強經營管理，也會加以扭轉，故該類企業可望迅速好轉。

B 型企業屬於危險狀態的利潤表要素構成狀況，B3 這類企業雖有盈利但非營業所得，而是靠非正常經營業務所得，故既不能持久，也不會過多；B4 這類企業在不能獲得主營業務利潤情況下必導致虧損，該類型企業產品銷售獲得毛利已不能彌補期間費用的支

出，產生營業虧損，繼續下去虧損額越多，虧損比例越高，導致破產速度越快。

C 型企業屬於瀕臨破產狀態的利潤表要素構成狀況。

C5 這類企業雖然最終有盈利，但非正常經營業務所得，既不會多，也不會持久。這種偶然性所得，最終還是不能持續企業支出；C6 這類企業當然難以維持下去。如果虧損累計數超過所有者權益時，即為資不抵債，導致破產。

2. 從利潤表構成診斷企業健康狀況

利潤表構成是指利潤表中各項目要素與主營業務收入比值，通過診斷分析各項目的重要程度，進而識別影響利潤形成的內在因素和盈利能力的大小，具體診斷分析方法是：首先將利潤表數據填入表內，其次以主營業務收入作為 100%，再計算出其他各項與主營業務收入之比。最後識別利潤形成是否正常、各項目比例是否適當、盈利主要來自何方、從而對企業的盈利能力和健康狀況做出正確判斷。

[例 1]以上龍公司 2002 年度利潤表為例，計算分析如下：

利潤表構成診斷分析

單位：元

項目	金額	構成（%）	備註
一、主營業務收入	50469756	100.00	
減：主營業務成本	47822806	94.75	
主營業務稅金及附加	129030	0.26	
二、主營業務利潤	2517920	4.99	
加：其他業務利潤	5319860	10.54	
減：營業費用	2495704	4.94	
管理費用	10328130	20.46	⎫ 39.22%
財務費用	6973084	13.82	⎭
三、營業利潤	-11959138	-23.70	
加：投資收益	-451404	-0.89	
補貼收入	58916	0.12	
營業外收入	2660	0.01	
減：營業外支出	49994	0.10	
四、利潤總額	12398960	-24.57	
減：所得稅	0		
五、淨利潤	-12398960	-24.57	

從上表構成數據可以看出該公司 2002 年度虧損形成有以下幾個原因：

(1)主營業務成本較高，毛利率過低，如該公司主營業務成本佔收入的 94.75%，稅金及附加佔收入的 0.26%，主營業務利潤率只有 4.99%，是該公司形成虧損的一個重要因素。全年虧損12398960，佔主營業務收入的 24.57%。該狀況已無健康可言。

(2)期間費用較高，這又是形成虧損的一個重要因素。期間費用總數佔主營業務收入的 39.22%，其中，管理費用佔 20.46%，財務費用高達收入的 13.82%，主營業務獲得者毛利僅能支付財務費用的 36.11%。

(3)貸款數額大，使用效率低，截止到年底向銀行取得長期借款高達 5700 萬元(年利率平均 6.12%)。而且借款的使用效率低、效果差。全年的主營業務收入只有 50469756 元沒有達到借款額。也就是說將借款用於經營一年週轉不了一次，獲得毛利還不夠借款利息。從全部資產分析，年末實際資產佔用 275650621 元，如果以2002 年主營業務收入計算需要 5.46 年全部資產才能週轉一年。從流動資產佔用來分析，週轉 1 次也需要 1.64 年 (82858604 ÷ 50469756 元)，可見運用效率之低，實在令人擔憂。

根據以上分析，可以看出該公司經營狀況極其惡化，如不採取有效措施，改善經營管理、擴大銷售、降低成本、節約費用、提高效益，企業難以持續經營下去。可見企業健康狀況極其惡化。

3.從盈利能力診斷企業健康狀況

盈利能力就是企業賺取利潤的能力，它也是企業健康狀況的基礎。如果一個企業長期不能盈利，這個企業既不能發展也難以長期存在下去。

企業會計的六大要素統一於企業資金運動過程，並通過籌劃資、投資活動取得收入，補償成本費用後，從而實現利潤目標。因此，可以按照會計基本要素設置主營業務利潤率、成本利潤率，資產利潤率、自有資金利潤率和資本保值增值情況。

(1)從主營業務利潤率診斷企業健康狀況。

主營業務收入(銷售)利潤率是企業利潤與主營業務收入(銷售)相比的比值，其計算公式為：

主營業務收入(銷售)利潤率＝利潤÷豐營業務收入

從利潤表來看，企業的利潤可以分為商品銷售毛利(主營業務收入一主營業務成本)、主營業務利潤，營業利潤、利潤總額及淨利潤。其中利潤總額和淨利潤包含著非主營業務(銷售)利潤因素，所以能夠更直接反映主營業務(銷售)獲利能力的指標是毛利率、營業務利潤率和營業利潤率。通過三個率的診斷分析，可以發現企業經營是財健康狀況的穩定性面臨的危險或可能出現的轉機跡象。

心得欄

[例 2]元祥公司利潤表數據以及計算主營業務收入利潤率如下：

利潤表

編制單位：元祥公司   2002 年度   單位：千元

項目	行次	上年數	本年累計數
一、主營業務收入		15064	18038
減：主營業務成本		10160	11910
主營業務稅金及附加		75	90
二、主營業務利潤		4829	6038
加：其他業務利潤		36	40
減：營業費用		1027	1523
管理費用		1314	1365
財務費用		746	922
三、營業利潤		1778	2268
加：投資收益		25	32
補貼收入			
營業外收入		80	10
減：營業外支出		28	39
四、利潤總額		1855	2271
減：所得稅		612	749
五、淨利潤		1243	1522

根據以上數據計算元祥公司主營業務利潤率。

主營業務收入利潤率計算

單位：千元

項目	2001 年	2002 年
銷售毛利	4904	6128
主營業務利潤	4829	6038
營業利潤	1778	2268
利潤總額	1885	2271
淨利潤	1243	1522
主營業務收入	15064	18038
主營業務成本	10160	11910
經營成本	11262	13523
營業成本	13362	15830
10. 稅前成本	13390	15869
11. 稅後成本	14002	16618
12. 毛利率(%)(1/16)	32.55	33.97
13. 主營業務利潤率(%)(2/6)	32.06	33.47
14. 營業利潤率(%)(3/6)	11.80	12.57
15. 主營業務收入利潤率(%)(4/6)	12.31	12.59
16. 主營業務收入淨利潤率(%)(5/6)	8.25	8.43

從上述資料看出，元祥公司的主營業務利潤 2002 年比上年增加 1209000 元，是上升趨勢。其利潤也是呈現上升趨勢，其原因是銷售額增加和成本降低，這要從毛利率發展趨勢分析，本年毛利率比上年提高 1.42%(33.97%－32.55%)，但總的來看，各利潤率都是呈現上升趨勢，表明企業經營方向和產品適應市場需要，有一定發展潛力。企業健康狀況是好的。

⑵從成本利潤率診斷企業健康狀況。

成本利潤率以利潤與成本相比，其計算公式為：

成本利潤率＝利潤÷成本

同利潤一樣，成本也可以分為幾個層次：主營業務成本、經營成本（主營業務成本+管理費用+主營業務稅金及附加），營業成本（經營成本+管理費用+財務費用+其他業務成本），稅前成本（營業成本+營業外支出）和稅後成本（稅前成本+所得稅）。因此在評價成本開支效果時，必須注意成本與利潤間層次上的對應關係，即銷售毛利與主營業務成本（主營業務成本毛利率）、主營業務利潤與經營成本（經營成本利潤率），營業利潤與營業成本（營業成本利潤率），利潤總額與稅前成本（稅前成本利潤率）、淨利潤與稅後成本（稅後成本淨利潤率）彼此對應。這不僅符合收益與成本的匹配關係，而且能夠有效地提示出企業各項成本的使用效果。這其中，經營成本利潤率更具代表性，它反映了企業主要成本的利用效果，是企業加強成本管理的著眼點。

[例 3] 根據上表有關成本利潤率的資料計算如下。

成本利潤計算表

項　　目	2001 年	2002 年	差額
主營業務各成本毛利率(%)(1/7)	48.27	51.45	+3.18
經營成本利潤率(%)(2/8)	42.88	45.32	+2.44
營業成本利潤率(%)(3/9)	13.31	14.33	+1.02
稅前利潤率(%)(4/10)	13.85	14.31	+0.46
稅後成本利潤率(%)(5/11)	8.88	9.16	+0.28

從以上計算結果看出，該公司各項成本利潤率指標，2002 年比 2001 年均有提高，說明公司在改善經營開拓市場，加強管理取得一定成績、發展趨勢較好。但從兩年對比發展增長百分數來看，各項成本利潤率呈現下降趨勢，說明在成本費用支出方面，本年比上年不僅絕對數增加而相對數方面也有所提高，因而在今後日常管理中，應注重對費用支出的控制，壓縮非生產經營性支出，確保企業健康發展。

(3)從總資產報酬率診斷企業健康狀況。

總資產報酬率是企業利潤總額與企業資產平均總額的比率。是反映企業資產綜合利用效果的指標。其計算公式為：

總資產報酬率＝利潤總額÷資產平均總額

資產平均總額為年初資產總額與年末資產總額的平均數。該比率越高，表明企業的資產利用效益越好，整個企業盈利能力越強，經營管理水準越高，企業越健康。

[例 4]根據資產負債表有關資料有關資料，可計算總資產報酬率為：

2002 年總資產報酬率：

期初數　　期末數

0.205＝2271000/[(10478000＋11679000)÷2]

2001 年總資產報酬率：

期初數　　期末數

0.194＝1885000/[(8647000＋10478000)÷2]

計算結果表明元祥公司 2002 年的總資產利潤率比上年提高了1.1%，說明公司經營效果比上年有所提高，健康狀況良好。

總資產報酬率還可分解為：

總資產報酬率＝（利潤總額÷主營業務收入淨額）×（主營業務
收入淨額÷平均資產總額）

＝業務收入利潤率×總資產週轉率

這個擴展計算式表明，要提高報酬率，不僅要盡可能降低成本，增加銷售，提高業務收入利潤率，同時也要盡可能提高資產使用率。只有從兩方面入手，才能有效地提高盈利能力。該比率有很大的綜合性，因此不僅用於分析企業的盈利能力，而且也用於評價企業管理當局在資產使用方面的效率。

⑷自有資金利潤率診斷企業健康狀況。

自有資金利潤率是淨利潤與自有資金的比值，是反映自有資金投資收益水準的指標。其計算公式為：

自有資金利潤率＝淨利潤＋平均所有者權益

企業從事經營管理活動的最終目的是實現所有者財富最大化。因此，該指標是企業盈利能力指標的核心，而且也是整個財務指標體系的核心，是判斷企業健康狀況主要依據。

[例 5]根據元祥公司有關資料，該公司所有者權益 2002 年末為 8925000 元，2001 年末為 8569000 元。

2002 年自有資金利潤為：

$0.1740 = 1522000 \div [(8569000 + 8925000) \div 2]$

2001 年自有資金利潤率為：

$0.1622 = 1243000 \div [(6777000 + 8569000) \div 2]$

元祥公司 2002 自有資金利潤率比上年度提高了 1.18 個百分點。其主要原因除利潤率提高外，而 2002 年所有者權益增長率 4.15%[即（8925000－8569000）÷8569000]，低於該年度的淨利潤率增長率 22.45% 是這樣得來的，[即（1522000－

1243000)÷1243000]所引起的。

4. 從盈利的質量，診斷企業的健康狀況

在診斷分析企業盈利能力時，不能只分析實現利潤總額的增減及利潤總額與其他指標對比的比值分析識別，而且分析企業盈利的質量，常用方法有下列三種：

(1)信號識別法

它是利用會計報表中某些指標發生異常變化，常常是盈利脆弱的表現，常見的有：

①無形資產、遞延資產、待攤費用、待處理流動資產損失和待處理固定資產損失等非正常上升。這種不正常上升，有可能是企業當前發生費用及損失無能力吸收而暫放入這些項內，將實虧轉化為潛虧。

②一次性的收入突升，如利用資產重組、非貨幣資產置換、股權投資轉讓、資產評估、非生產性資產與企業建築性銷售所得調節盈餘，企業可能用這些手段調節企業利潤。

③期間費用中廣告費用佔銷售收入額的比率相對下降，這樣可以提高當期利潤，但從長期看對企業不利。

④對未來準備金提取不足或不提，折舊計提改變或提取不足，從而提高當期利潤。

⑤歸入稅收費用的遞延稅款增加，沒有資金支持的應付薪資，應付福利費的上升，暗示公司支付薪資能力降低，現金流向可能存在問題。

⑥毛利率下降，一是企業產品價格降低，市場競爭激烈，二是可能成本失去了控制，有上升趨勢，或者企業產品組合發生了變化，對企業利潤產生影響。

⑦存貨週轉率變低，可能是企業銷售能力差，產品有問題不適應市場需要，或者庫存產品材料有問題，或生產存在問題。

⑧會計政策、會計估計、或已存在的會計政策、在一個比較自由的問題上運用方式發生了變化，它可能是企業經營狀況發生變化的一個信號，或者是進行會計政策變化，僅僅是為了創造更高的利潤。

⑨應收帳款增長與過去經驗不相一致，為了實現銷售目標，可以運用信貸銷售和利潤，將以後實現銷售提上來，商業性應付帳款展期或處長正常商業信用期間。這些信號都反映出利潤的質量情況。

⑵剔除評價法

它是在診斷分析企業健康狀況時將影響利潤質量的個別因素剔除後，再來分析評價企業實現的利潤的質量。常用的有：

①不良資產剔除法。所謂不良資產是指待攤費用、待處理流動資產及固定資產損失、開辦費、遞延資產等虛擬資產和高齡應收帳款、存貨跌價和積壓損失、投資損失、固定資產損失，可能產生潛虧資產項目。如果不良資產的總額接近或超過淨資產，或者不良資產的增加額（增加幅度）超過淨利潤的增加額（增加幅度），說明企業當期利潤有「水分」。

②關聯交易剔除法。即將來自關聯企業的營業收入和利潤予以剔除，分析企業的盈利能力多大程度依賴於關聯企業。如果主要依賴於關聯企業，就應特別關注關聯交易的定價政策，分析企業是否以不等價交換的方式與關聯企業進行交易以調節盈餘。當然有的集團總公司只管生產，而子公司專門從事銷售，這只是一種情況，診斷分析時要區別情況，不能一概而論。

③異常利潤剔出法。即將其他業務利潤、投資收益、補貼收入、營業外收入從企業利潤總額中剔除，以分析評價企業利潤來源主要管道及其穩定性。分析中特別要注意投資收益、營業外收入等一次性的偶然收入。

(3)現金流量識別法

它是將經營活動產生的現金流量、現金淨流量分別與主營業務利潤、投資收益和淨利潤進行比較分析，以判斷企業的盈利質量。一般而言，沒有現金淨流量的利潤，其盈利質量是不可靠的。如「經營活動現金淨流量÷利潤總額」指標負值，說明其利潤不是來自經營活動，而是來自其他管道。

二、由利潤表指標趨勢來診斷企業健康狀況

發展趨勢分析又稱水準分析。它是將某一企業不同時期或時點的財務數據和財務指標進行對比分析，以識別該企業的經營活動及其成果的增減變動的發展方向、資料和幅度，說明企業財務狀況和經營成果變動趨勢的一種方法。採用此法，可以診斷分析引起變化的主要原因、變動性質，並可預測企業未來的發展前景及企業健康狀況。

如果一家企業的經營活動處於持續健康發展的狀態，那麼其主要財務數據或財務指標，應呈現出持續穩定發展的趨勢。若企業的主要財務數據或財務指標出現異動，突然大幅度上下波動，或者主要財務或指標之間出現背離；或者出現惡化趨勢，那麼，這表明公司的某些方面發生了重大變化，這些都是分析判斷企業會計報表真實情況的重要線索。

1. 從利潤表數據指標變化趨勢診斷企業健康狀況

它是將企業不同時期利潤表中的財務指標項目進行比較分析，觀察診斷其發展趨勢。

分析識別方法有絕對數分析法和相對數分析法兩種。

(1)絕對數分析法。它是將歷年利潤表相關項目加以匯總對比，分析其發展變化趨勢。

[例 6] 以元祥公司 3 年的利潤表資料為例分析如下。

利潤表

項目	2002 年 金額	基期比 (%)	2001 年 金額	基期比 (%)	2000 年 金額	基期比 (%)
一、主營業務收入	180000	120.0	160000	106.7	150000	100
減：主營業務成本	100000	121.21	88160	106.9	82500	100
主營業務稅金 　　及附加	9000	120.0	8000	106.7	7500	100
二、主營業務利潤	71000	118.33	63840	106.4	60000	100
加：其他業務利潤	4000	177.8	3200	142.2	2250	100
減：營業費用	4100	143.9	3360	117.9	2850	100
管理費用	17000	127.3	14400	107.9	13350	100
財務費用	3900	144.4	3200	118.5	2700	100
三、營業利潤	50000	128.7	46080	118.6	38850	100
加：投資收益	3000	130.4	3100	134.8	2300	100
補貼收入	0	0	0			
營業外收入	7000	341.5	2560	124.9	2050	100
減：營業外支出	3600	141.2	2900	113.7	2550	100
四、利潤總額	56400	138.7	48840	120.2	40650	100
減：所得稅	20000	164.0	17600	144.3	12195	100
五、淨利潤	36400	127.9	31240	109.8	28455	100

其診斷分析可從兩方面入手：

①從橫向看發展變化速度。現以 2000 年實際數為基期數，將 2001 年、2002 年實際數據與基期數進行對比，分析各項目的發展變化趨勢。如主營業務收入 2001 年比 2000 年增長 6.7%，2002 年比 2000 年增長 20%；主營業務利潤 2001 年 2000 年增長 5.8%，2002 年比 2000 年增長 17.1%。

②縱向看比例發展是否協調合理。現以 2002 年各項目的變化，分析識別其協調合理程度。如與 2000 年相比主營業務收入增長 20%，管理費用增長 27.3%、利潤總額增長 38.7%、營業外收入增長 241.5%、淨利潤增長 27.9%。

可見管理費增長較多，特別是營業外收入卻增長了 241.5%，將此因素扣除後淨利潤只比 2000 年增長 10.3%，遠低於主營業務收入增長 20%的速度。由此說明企業的獲利能力下降。還可以 2002 年數據與 2000 年對比，看其發展變化趨勢，通過分析預測今後發展提供依據。為識別企業健康狀況提供線索。

(2)相對數分析法。它是通過對歷年來利潤表各項目的數據匯總計算為百分比，用以分析評價企業發展變化趨勢及經營業績。通常做法是將關鍵項目如主營業務收入，作為 100%，而將其餘項目分別換算為對該關鍵項目的百分比，然後通過比較，分析識別發展變化趨勢。

[例 7] 以元祥公司利潤表並與 2002 年同行業比較為例，分析如下：

利潤表

項目	2002 年金額	構成(%)			
		2002 年	2001 年	2000 年	同行業
一、主營業務收入	18000	100.0	100.0	100.0	100.0
減：主營業務成本	100000	55.6	55.1	55.0	56.0
主營業務稅金及附加	9000	5.0	5.0	5.0	5.0
二、主營業務利潤	71000	39.44	39.9	40.0	39.0
加：其他業務利潤	4000	2.2	2.0	1.5	1.0
減：營業費用	4100	2.3	2.1	1.9	2.0
管理費用	17000	9.4	9.0	8.9	9.5
財務費用	3900	2.1	2.0	1.8	1.5
三、營業利潤	50000	27.8	28.8	25.9	27.0
加：投資收益	3000	1.6	2.0	1.5	1.0
補貼收入					
營業外收入	7000	3.8	1.6	1.4	1.8
減：營業外支出	3600	2.1	1.8	1.7	1.5
四、利潤總額	56400	31.2	30.6	27.1	28.3
減：所得稅	20000	11.1	11.0	8.13	11.0
五、淨利潤	36400	20.1	19.6	19.0	17.3

分析方法從兩方面入手：

①從橫向看，構成比例的變化發展趨勢。如主營業務成本 2000 年佔主營業務收入 55%，而到 2002 年上升為 55.6%，增長了 0.6%；而管理費用由 2000 年佔主營業務收入 8.9%，到 2002 年上升為

9.4%，相比提高了 0.5 個百分點；利潤總額由 2000 年佔主營業務收入 19%，到 2002 年上升為 20.1%，提高了 1.1%。通過對比看出該企業三年來的發展是健康的，盈利水準不斷提高，但三項費用佔主營業務收入的比例有不同的提高，應引起管理當局的重視，並擬定有效措施，加強管理與控制，不斷降低企業費用。

②從縱向看，分析各項目佔收入項目金額的百分比，以抓住重點加強管理與控制，確保企業利潤目標的實現。

如以 2002 年實際完成數為例，主營業務成本佔主營業務收入 55.6%，營業費用佔 2.3%，主營業務稅金及附加等佔主營業務收入的 20.1%，這對瞭解利潤實現診斷企業健康重要意義。

如果以企業和各項目比例與同業水準相比校，可以明確企業所處地位，是屬於先進水準還是處於劣勢地位，以便尋找差距、擬定措施，加以改進，使企業進入先進行列。

2. 從利潤表財務指標異動趨勢診斷企業健康狀況

異動趨勢分析是趨勢分析的基礎。觀察其發展變化是持續穩定發展，還是出現異動突然大幅度上下波動，或者主要財務指標之間出現嚴重背離，或者出現急劇惡化，這就意味著公司某些方面發生了重大變化，是識別公司會計報表真實程度的重要線索。

[例 8]奇普 1997～2000 年發表的年度財務報告的利潤表中的主營業務收入與淨利潤及銷售淨利潤率的發展變化情況如下：

主營業務收入與淨利潤及銷售淨利潤率的發展變化表

項目		1997 年	1998 年	1999 年	2000 年
主營業務	收入額（元）	324317160.12	606284594.58	526038068.55	908988746.19
	增長率（%）	-24.49	86.94	-13.24	72.8
淨利潤	實現額（元）	39372185.30	58471777.15	127786600.85	417646431.07
	增長率（%）	-16.63	48.51	118.54	226.83
銷售（營業）淨利潤率(%)		12.14	9.46	24.29	45.95

從上表數據資料中不難看出有以下異動趨勢需要引起重視：

(1)從淨利潤幾年來的發展趨勢來看：1998 年比 1997 年增長48.51%；1999 年比 1998 年又增長了 118.54%，到 2000 年比 1999年又增長了 226.83%。而 2000 年實現淨利潤與 1997 年實際淨利潤相比增加了 3.78 億元，相當增長了 9.6 倍，而主營業務收入三年來由 1997 年的 324317160 元，發展到 2000 年的 908988746 元，只增加 584671586 元，相當增長了 1.8 倍。可見淨利潤的增長高於主營業務收入增長的近 5 倍，顯然這種發展趨勢，確實是「奇跡」，故引起各界的關注。

(2)從淨利潤與主營業務收入的值看：①從 1998 年淨利潤佔主營業務收入的 9.64%，而 1999 年卻上升到 24.29%，增長了14.65%。②2000 年的主營業務淨利潤率卻高達 45.65%，比上一年度又增長了 21.66%。這種發展趨勢也尋非正常，有必要進一步分

析，尋求異動原因。

通過分析看出財務指標異動趨勢分析，是透視報表真實程度，識別有無粉飾舞弊的有效方法，也是診斷財務健康狀況有效方法。

(3)從主營業務收入與淨利潤增長比率看：①1998 年與上年對比，主營業務增長 86.96%，而淨利潤只比上年增長了 48.51%，顯然後者低於前者將近 50%，從一般情況看，淨利潤增長率應高於高營業務增長率。因為，營業費用及管理費用中，有一部份是屬於固定性質，它不隨主營業務收入的增長而成比例的增長。因此，這是一個異常變動。②1999 年與 1998 年對比，主營業務收入減少13.24%，而淨利潤卻比上年度增長 118.54%。這又是一個特大異動趨勢。③再看 2000 年與 1999 年對比，主營業務收入增長 72.8%，而淨利潤卻增長了 226.83%，高出主營業務收入的 3 倍以上，顯然有較大異動趨勢。

三、通過營運能力來診斷企業健康狀況

營運能力是指企業基於外部市場環境的約束。通過內部人力資源和生產資料的組合而對財務目標所產生作用的大小。一個企業的財務狀況和盈利能力在很大程度上取決於企業的營運能力，因為利潤和現金流量是通過資產的有效使用來實現的，如果資產使用率低，企業不僅不能創造出足夠的利潤和現金流量來支付費用，擴大再生產和償還債務，而且為了維持經營還得進一步舉債。簡而言之，營運能力低表明資金積壓嚴重，資產未能發揮應有的效能，從而降低企業的償債能力和盈利能力。營運能力的診斷分析包括人力資源營運能力的診斷分析和生產資料營運能力的診斷分析。

1. 從人力資源營運能力診斷企業健康狀況

通常採用勞動效率指標進行分析診斷：

勞動效率是指企業產品主營業務收入淨額或淨產值與平均工人數（要以視不同情況確定）的比率，其計算公式：

勞動效率＝商品產品銷售收入淨額或淨產值÷平均職工人數

對企業勞動效率，進行診斷分析主要採用比較的方法，例如將實際勞動效率與本企業計劃水準、歷史先進水準或同行業水準等指標進行對比，進而確定其差異程度，診斷分析造成差異的原因，以選取適宜對策，進一步發掘提高人力資源勞動效率的潛能。

2. 從生產資料營運能力診斷企業健康狀況

企業擁有或控制的生產資料表現為各項資產佔用，因此，生產資料的營運能力實際上就是企業的總資產及其各個要素的營動能力。資產營運能力的強弱關鍵取決於資產週轉率。一般說來，週轉率越快，資產的使用效率越高，則資產營運能力越強；反之，營運能力就越差。

所謂週轉率，即企業在一定時期內資產的週轉額與平均佔有額的比率，它反映企業資金在一定時期的週轉次數。週轉次數越多，週轉速度越快，表明營運能力越強，這一指標的反指標是週轉期，它是週轉次數的倒數和計算期天數的乘積，它反映資產週轉一次所需要的天數。週轉期越短，表明週轉速度越快，資產營運能力越強。其計算公式如下：

週轉次數＝週轉額÷資產平均佔用額

週轉天數＝計算期天數÷週轉次數

　　　　＝資產平均佔用額×計算期天數÷週轉額

資產營運能力的診斷可以從以下幾個方面進行：

(1) 從流動資產週轉情況診斷企業狀況

反映流動資產週轉情況的指標主要有應收賬款週轉率、存貨週轉率和流動資產週轉率。

① 從應收賬款週轉率診斷分析企業健康狀況

它是反映應收帳款週轉速度的指標，是一定時期內商品或產品賒銷收入淨額與應收帳款平均佔用額的比值。其計算公式為：

應收賬款週轉率（次數）＝賒銷收入淨額÷應收賬款平均佔用額

其中，

賒銷收入淨額＝主營業務收入-現銷收入-銷售折扣與轉讓

應收賬款週轉期（天數）＝計算期天數（360）÷應收帳款週轉次數

應收賬款週轉期＝計算期天數×應收帳款平均佔用額÷賒銷收入淨額

應收帳款週轉率反映了企業應收帳款變現速度的快慢及管理效率的高低，週轉率高表明：

· 收帳迅速，帳齡較短；

· 資產流動性強，短期償債能力強；

· 可以減少收帳費用和壞帳損失，從而相對增加企業流動資產的投資收益。

利用上述公式計算應收帳款週轉率時，需要注意以下幾個問題：

· 公式中的應收帳款包括會計核算中的「應收帳款」和「應收票據」等全部賒銷在內，且其金額應為扣除壞帳準備後的淨額；

· 如果應收帳款佔用額的波動性較大,應可能使用更詳盡的計
算數據,如按每月的應收帳款佔用額來計算其平均佔用額;

· 分子、分母的數據應注意時間的對應性。

② **從存貨週轉率診斷分析企業健康狀況**

它是一定時期內企業主營業務成本與存貨平均資金佔用額的
比率,是反映企業銷售能力和資產流動性的一個指標。其計算公式
為:

存貨週轉率(次數)=主營業務成本(銷貨成本)÷存貨平均佔
用額

存貨平均佔用額=(期初存貨+期末存貨)÷2

存貨週轉期(天數)=計算期天數÷存貨週轉率

=(計算期天數×存貨平均佔用額)÷主營
業務成本(銷售成本)

存貨週轉速度的快慢,不僅反映企業採購、儲存、生產銷售各
環節管理工作狀況的優劣,而且對企業的償債能力及獲利能力也產
生決定性的影響。一般來講,存貨週轉率越高越好。當存貨週轉率
越高時,表明其變現的速度越快,週轉額越大,資金佔用水準越低,
因此,通過存貨週轉分析,有利於診斷分析存貨管理存在的問題,
盡可能降低資金佔用水準。

存貨一定要保持結構合理、質量可靠,既不能儲存過少,否則
可能造成生產中斷或銷售緊張,又不能儲存過多,否則可能形成呆
滯、積壓。其次,存貨是流動資產的重要組成部份,其質量和流動
性對企業流動比率有著舉足輕重的影響,並進而影響企業的短期償
債能力,故一定要加強存貨管理,以提高其變現能力和盈利能力,
從而提高企業健康水準。

[例 9] 以元祥公司資料為例，存貨週轉率計算如下：

存貨週轉率計算表

項　　　　目	2001 年	2002 年
1. 主營業務成本	10160	11910
2. 存貨平均佔用數	3695	4500
3. 存貨週轉次數 ① ÷ ②	2.75	2.64
4. 存貨週轉天數 360 ÷ ③	131.0	136.0

從以下計算結果看出，元祥公司 2002 年比 2001 年存貨週轉率慢了 5 天(135－131)，這說明該公司在存貨管理方面有所放鬆，其原因可能是產品有所積壓。

為了分析影響存貨週轉率速度的具體原因，採取有效措施，在工業企業中，還可進一步分析按存貨的具體內容，如原材料，在製品和產成品，分別計算各自的週轉率，進而瞭解識別各自在供、產、銷不同階段的營運情況，診斷分析各環節的工作業績，計算公式如下：

原材料週轉率(次數)＝原材料耗用額÷原材料平均佔用額

原材料週轉率(天數)＝360 天÷原材料年週轉次數

在產品週轉率(次數)＝完工產品成本÷生產成本平均佔用額

在產品週轉期(天數)＝360 天÷在產品年週轉次數

產成品週轉期(天數)＝360 天÷產成品年週轉次數

產成品週轉率(次數)＝主營業務成本÷產成品平均佔用額

③從流動資產週轉率診斷分析企業健康狀況

是反映企業流動資產週轉速度的指標，它是流動資產的平均佔用額與流動資產在一定時期所完成的週轉額(主營業務收入)之間的比率。其計算公式為：

流動資產週轉率（次數）＝主營業務收入淨額÷流動資產平均
　　　　　　　　　　　　佔用額

流動資產週轉期（天數）＝計算期天數÷流動資產週轉率
　　　　　　　　　　　＝（計算期天數×流動資產平均佔用
　　　　　　　　　　　　額）÷主營業務收入淨額

　　在一定時期內，流動資產週轉次數越多，週轉一次天數越少，表明以相同的流動資產和完成的週轉額越多，流動資產利用效果越好。生產經營任何一個環節上的工作改善，都會反映到週轉天數的縮短上來，所以它是診斷分析資金運用效果的一個綜合性指標。

　　[例 10]元祥公司的有關資料記錄，2002 年和 2001 年流動資產平均佔用額分別為：6780000 元和 5400000 元。流動資產週轉率計算如下：

流動資產週轉率計算表

項　　　目	2001 年	2002 年
主營業務收入淨額	15064	18038
流動資產平均佔用額	5400	6780
流動資產週轉次數①/②	2.79	2.66
流動資產週轉天數 360/③	129.0	135.3

　　由於計算結果看出 2002 年流動資產週轉速度比 2001 年慢了 6.3 天。同時也可計算出由於週轉速率減慢，增加資金佔用 315665 元（6.3×18038000÷360），從流動資產整理來看，其運用效果有所降低，應尋找原因，加以改進。

　　在主營業務利潤率不變的情況下，生產經營過程中流動資產週轉的速度越快，企業產品的盈利水準也就越高，企業經濟效益也越

好。償債能力也越強, 企業也就更健康。

(2)從固定資產週轉率診斷企業健康狀況

固定資產週轉率是指企業年主營業務收入淨額與固定資產平均佔用淨值（或原值）的比率，它是反映企業固定資產週轉情況，從而衡量固定資產利效率的一項指標。其計算公式為：

固定資產週轉率(次數)＝主營業務收入淨額÷固定資產平均淨值

固定資產週轉率高，表明企業固定資產利用充分，同時也表明企業固定資產投資得當，固定資產結構合理，能夠充分發揮效用。反之，如果固定資產週轉率不高，則表明固定資產利用率不高，提供的生產成果不多，企業的營運能力不強。

運用固定資產週轉率診斷分析時，需要考慮固定資產因計提折舊的影響，其淨值在不斷地減少以及因更新重置，其淨值突然增加的影響。同時，由於折舊方法的不同，可能影響其可比性。故分析識別時，一定要剔除這些不可比因素，才能得出正確的判斷和結論。

[例 11]元祥公司 2002 年和 2001 的固定資產的淨值分別為 11637000 元和 10040000 元，週轉率計算如下：

元祥公司週轉率計算表

項目	2001 年	2002 年
主營業務收入淨額	15064	18038
固定資產平均佔用淨值	10040	11637
固定資產週轉次數①÷②	1.50	1.55
固定資產週轉天數 360÷③	240	232

根據計算結果看出，2002 年固定資產週轉率比 2001 年加快了 8 天，這是加強管理、改善經營的結果。

但在分析、判斷固定資產使用效果時存有不同觀點。

如有的主張用固定資產佔用的原值計算，而不應用扣除折舊後的淨值計算。其理由是有些固定資產雖然其價值隨著使用年限的增加，計提的折舊額的增加，其淨值在不斷地降低，但其使用價值即生產能力並不隨著其價值的降低成比例的降低。如房屋建築物 10 年後的使用價值與 10 年前的使用價值未必相差甚遠。有些機器設備也是如此。可見按固定資產淨值計算就會出現固定資產淨值越低，其運用效果反而越好。當然，按固定資產原值計算利用效率也存在一定缺陷，但機器設備的生產能力、生產的產品質量都會比新機器設備的生產效果較低。因此，在診斷分析企業的固定資產使用效果時不能只從價值量指標評價，還應看其實物生產量多少，注重實際效果才能得出正確結論。

⑶從總資產週轉率診斷企業健康狀況

總資產週轉率是企業主營業務收入淨額與資產總額的比率。其計算公式為：

總資產週轉率＝主營業務收入淨額÷資產平均佔用額

資產平均佔用額應按報告期的不同分別加以確定，並應當與分子的主營業務收入淨額在時間上保持一致。

月平均佔用額＝（月初＋月末）÷2

季平均佔用額＝（1/2 季初＋第一月末＋第二月末＋1/2 季末）
÷3

年平均佔用額＝（1/2 年初＋一季末＋二季末＋三季末＋1/2
年末）÷4

　　值得說明的是，如果資金佔用的波動性較大，企業應採用更詳細的數據進行計算，如按照各月份的資金佔用額計算。如果各期佔用額比較穩定，波動不大，上述季、年的平均資金佔用額也可以直接用「（期初+期末）÷2」的公式來計算。

　　這一比率用來分析企業全部資產的使用效率。如果這個比率較低，說明企業利用全部資產進行經營的效率較差，最終會影響企業的盈利能力。這樣企業就應該採取各項措施來提高企業的資產利用程度，如提高主營業務收入或處理多餘的資產。

　　[例12]根據元祥公司資產佔用的情況，週轉率計算如下：

總資產週轉率計算表

單位：千元

項目	2001 年	2002 年
主營業務收入淨額	15064	18038
全部資產平均佔用額	95625	11078.5
全部資產週轉次數①/②	1.575	1.628
全部資產週轉天數 360/③	228.6	221.1 天

　　從上表看出，元祥公司 2002 年全部資產週轉率比 2001 年減少數了 7.5 天。這說明全部資產的增長速率 59.85%(11078.5%÷9562.5－1)，低於主營業務收入淨額的增長速度 19.74%(18038÷15064－1)。但流動資產的增長速度 25.56%(6780÷54001)，卻快於主營業務淨收入的增長速度，因而出現週轉速度減慢的結果。

　　值得說明是：流動資產週轉率和固定資產週轉率的計算，其分子是主營業務收入淨額，但主營業務收入淨額含有利潤在內，因

此,利潤率的高低直接關係到週轉率快慢,故有的主張其分子應以
主營業務成本較為正確。

28

透過現金流量表診斷企業健康狀況

　　現金流量反映了企業各項現金的流入、流出及結餘情況,通過
對現金流量表的分析診斷,可以瞭解企業的健康狀況。

一、由現金流量表來診斷企業近期健康狀況

　　通過現金流量表診斷企業健康狀況,首先從經營活動中產生現
金流量開始,因為經營活動是現金首要來源,與淨利潤相比,經營
現金流量能更確切地反映經營業績。如年終超額完成利潤,可將大
批產品賒銷出去,這樣一來利潤表中主營業務收入增加了,利潤也
增加了。但由於是賒銷,未能取得現金。由於發生了銷售活動還要
支付稅金及其費用,使經營活動現金流量不但未流入反而增加了支
出。

　　1. 從現金流量表總括診斷企業健康狀況

　　⑴從經營活動現金流量診斷企業健康狀況

　　健康正常運營的企業,其經營活動現金流量淨額應是正數。現

金流入淨額越多,資金就越充足,企業就有更多的資金購買材料、擴大經營規模或償還債務。因此,充足穩定的經營現金流量是企業生存發展的基本保證,也是衡量企業是否健康的重要標誌。

如果一個企業的經營現金流量長期出現負數,就必然難維持正常的經營活動,不可能持續經營下去。診斷分析時,可以將補充資料內的經營現金流量分成兩部份進行,首先研究企業在營運資本支出前的現金流量,(如果這部份現金流量是正數)然後研究營運資本項目(存貨、應收帳款、應付帳款)對現金流量的影響。

企業在營運資本中投入的現金與企業的有關政策和經營狀況相關,例如賒銷政策決定應由帳款水準,支付政策決策應付帳款水準,銷售政策決定存貨水準。分析時應結合企業所在行業特點、自身發展戰略等來評價企業的營運資本管理狀況及其對現金流量的影響。

(2)從投資活動現金流量診斷企業健康狀況

投資活動現金流量是反映企業資本性支出中的現金流數,分析的重點是購置或處置固定資產發生的現金流入和流出數額。根據固定資產投資規模和性質,可以瞭解企業未來的經營方向和獲利潛力,揭示企業未來經營方式和經營戰略的發展變化。同時還應分析投資方向與企業的戰略目標是否一致,瞭解所投資金是來自內部積累還是外部融資。如果處置固定資產的收入大於購置固定資產產生的支出,表明企業可能正在縮小生產經營規模,或正在退出該行業,應進一步分析是由於企業自身的原因如某系列產品萎縮,還是行業的原因如該行業出現衰落趨勢,以便對企業的未來進行預測,分析判斷企業健康狀況。

(3)從籌資活動現金流量診斷企業健康狀況

根據籌資活動現金流量，可以瞭解企業的融資能力和融資政策，分析融資組合和融資方式是否合理。融資方式和融資組合直接關係到資金成本的高低和風險大小。例如，債務融資在通貨膨脹時，企業以貶值的貨幣償還債務會使企業獲得額外利益。但債務融資的風險較大，在經濟衰退期尤其如此。

如果企業經營現金流量不穩定或正在下降，問題就更嚴重。此外，將現金股利與企業的淨利潤和經營現金淨流量相比較，可以瞭解企業的股利政策。支付股利不僅需要有利潤，還要有充足的現金，選擇將現金留在企業還是分給股東，與企業的經營狀況和發展戰略有關。通常，處於快速成長期的企業不願意支付現金股利，而更願意把現金留在企業內部，用於擴大再生產，加速企業的發展。

(4)從自由現金流量診斷企業健康狀況

它是指企業經營現金流量滿足了內部需要後的剩餘，是企業可以自由支配的現金量，有三種計算方法：

自由現金流量＝經營現金流量－購置固定資產支出

自由現金流量＝經營現金流量－（購置固定資產支出＋現金股利）

自由現金流量＝經營現金流量－（購置固定資產支出＋現金股利＋利息支出）

該指標越高說明企業可以自由支配的現金越多，企業越健康。

2. 從相關項目指標對比診斷企業狀況

主要有以下指標：

(1)現金銷售比率

它是將現金流量表中銷售商品、提供業務收到的現金與利潤表

中銷售收入總額之比，說明企業的銷售收入中有多少收回現金，計算公式：

現金銷售比率＝銷售商品和提供勞務收到的現金÷主營業務收入

該指標反映企業銷售質量，與企業的賒銷政策有關。如果說企業有虛假收入，也會使該指標過低。

[例 1]奇普公司 2002 年度主營業務收為 50469756 元，則：

現金銷售比率＝46561785÷50469756＝0.92

說明該企業每銷售 100 元商品只收回 92 元。

(2)銷售現金流量率

它是將現金流量表中經營活動中產生的現金流量金額與當期利潤表主營業務收入之比，說明企業在某一會計期間，每實現 1 元營業收入能獲得多少現金淨流量，計算公式：

銷售現金流量率＝經營活動現金流量淨額÷當期主營業務收入淨額

(3)資本購買率

該指標可以反映來自企業內部的現金對內部投資需要的保證程度，瞭解企業內部擴大再生產的能力。計算公式：

資本購買率＝經營活動現金流量淨額÷購置固定資產支出的現金

該指標可以反映來自企業內部的現金對內部投資需要的保證程度，瞭解企業內部擴大再生產的能力，該指標越高，說明企業內部用於購置固定資產的能力越強。當該指標大於 1 時，說明企業進行投資後，還有多餘的現金用於其他支付。

(4)現金流量充足率

它是以經營活動現金流量淨額與長期負債償還額、資本出額及股利支付額之比，可綜合反映企業的持續經營和獲利能力。計算公式：

現金流量充足率＝經營活動現金流量淨額÷（長期負債償還額＋資本性支出額＋股利支付額）

該指標大於或接近 1 時，企業的收益質量較高，持續經營能力強；反之，如果比率低於 1 時，說明收益質量較差。但是，該指標並非越高越好，如該指標顯著大於 1 時，企業有大量的閒置現金找不到合適的投資方向，將會影響到未來的獲利能力。

(5)現金股利支付率

它是以經營活動現金淨流量與發放現金股利比，反映企業支付股利的能力。計算公式：

現金股利支付率＝經營活動現金流量淨額÷現金股利

該指標可以反映經營活動產生的現金流量淨額，是否能夠滿足企業支付股利的需要，瞭解企業支付的現金股利是用內部多餘現金還是依靠外部融資來支付的，分析企業在支付股利後，是否保留了足夠的現金來維持未來的經營活動。如果企業的經營現金流量不足以支付股利，那麼股利政策持續性就應當受到懷疑。

(6)現金利息支付率

它是以經營活動現金流量淨額與利息費用支出比反映企業支付利息的能力，計算公式：

現金利息支付率＝經營活動現金流量淨額÷利息費用

該指標反映企業償還債務利息的能力。如果該指標小於 1，說明企業必須依靠處理長期資產或從外部融資來解決利息的償還問

題，這是財務狀況不健康的表現。

(7)經營現金滿足內部需要比率

它是以經營活動現金流量淨額與購買固定資產、支付現金股利、財務費用支出之和比較，藉以分析滿足需要的程度。計算公式：

經營現金滿足內部需要率＝經營活動現金流量淨額÷（購置固定資產支出＋現金股利＋財務費用）

該指標反映企業經營現金流量滿足內部需要的能力。雖然企業從外部籌集資金是正常的，但是如果企業長期依靠外部融資來維持經營活動所需要的現金和支付利用費用，則無論如何是不正常的。如果這樣，債權人可能會認為風險過大而拒絕提供信貸，這時企業就很容易陷入財務困境。一般來說，企業正常經營活動的現金流量，應當能夠滿足其對營運資本的追加投入、支付股利和利息費用。這才是一個健康企業標誌。

(8)資本支出比率

它是以經營活動現金流量淨額與資本性支出之比。說明企業本期經營活動產生的現金流量淨額是否足以支付資本性支出所需要的現金。計算公式：

資本支出比率＝經營活動產生的現金流量淨額÷資本性支出

資本性支出包括購置固定資產、無形資產和其他長期資產的支出。該比率越高，說明企業利用自身盈餘擴大生產規模、創造未來現金流量或利潤的能力較強，收入質量高；反之，如果該比率小於1，說明企業資本性投資所需要的現金除來自經營活動外，一部份或大部份要靠外部籌資取得，企業的財務風險加大，經營及獲利的持續性和財務穩定性降低，企業收益的質量較差。

3. 從相關項目指標對比診斷企業的償債能力狀況

(1) 到期債務償付率

它是經營活動現金流量淨額與當年到期的債務總額之比,說明企業的償債能力大小。計算公式:

到期債務償付率=經營活動現金流量淨額÷當年到期的債務總額

該指標能夠反映企業在某一會計期間每 1 元到期的負債有多少經營現流量淨額來補充。經營現金流量是償還債務的真正來源,因此,該指標越高,說明企業償還到期債務的能力越強。該指標克服了流動比率和速動比率只能反映企業在某一時點上的償債能力的缺陷,因此有廣泛的適用性。

(2) 現金比率

它是以現金等價物的期末餘額與流動負債之比,反映企業的償債能力大小。計算公式:

現金比率=現金及現金等價物期末餘額÷流動負債

它是所有償債指標,如資產負債率、流動比率、速動比率中最直接、最現實的指標,它能準確真實地反應出現金及現金等價物對流動負債的擔保程度。當指標大於或等於 1 時,說明企業即期債務可以得到順利償還,比率越高擔保程度越高;反之,說明償債能力較強。

(3) 現金負債總額比率

它是經營活動現金流量淨額與全部負債之比,說明企業的償還能力大小。計算公式:

現金負債總額比率=經營活動現金流量淨額餘額÷全部負債

這一指標反映企業在某一會計期間每 1 元負債有多少經營活

動現金流量淨額來償還,它說明企業的償債能力。比率越高說明償還債務的能力越強。反之償債能力較差。

(4)債務償還期

它是以負債總額與經營活動產生現金流量淨額之比,是用來說明負債的償還期。計算公式:

債務償還期＝負債總額÷經營活動現金流量淨額

該指標說明在目前公司營業活動創造現金的水準下,公司需多長時間才能償還其所有債務,但從經營中所獲得的現金應是公司長期資金的主要來源。

4.從經營活動現金流量與盈利有關指標對比來診斷企業盈利狀況

(1)盈利現金比率

它是以經營活動現金流量淨額與利潤總額之比。說明每 1 元的利潤有多少現金淨流量作保障,是所有評價收益質量的指標中最綜合的一個。該指標對於防範人為操縱利潤而導致資訊使用者決策失誤有重要作用,因為虛計的帳面利潤不能帶來相應的現金流入。計算公式:

盈利現金比率＝經營活動現金流量淨額÷利潤總額

該比率越高,說明利潤總額與現金流量淨額的相關性越強,利潤的收現能力強,企業有足夠的現金保證經營週轉的順暢進行。企業持續經營能力和獲利的穩定性越強,利潤質量越高;反之,說明企業利潤的收現能力較差,收益質量不高,企業可能因現金不足而面臨困境。具體運用時,應從利潤總額中扣除投資收益、籌資費用和營業外收支淨額以確保指標口徑的一致性。

(2)經營現金流量淨利率

它是以現金流量表補充資料中的「淨利潤」與「經營活動產生的現金流量淨額」相比，反映企業年度內每 1 元經營活動現金淨流量帶來多少淨利潤，用來衡量經營活動的現金淨流量的獲利能力。計算公式：

經營現金流量淨利率＝淨利潤÷經營活動產生的現金流量淨額

這指標是以權責發生制原則計算淨利潤與以收付實現制計算的經營活動產生的現金流量淨額之比。評價企業經營質量的優劣。如果企業有虛假利潤等就很識別出來。

(3)經營現金流出淨利潤率

它是以淨利潤與經營活動現金流出總額之比，說明報告期內每元經營活動現金流出所「產生」的淨利潤。計算公式：

經營現金流量淨利率＝淨利潤÷經營活動現金流出總額

它反映企業的經營活動的現金投放產出率的高低。比率越高，說明企業投入產出能力越好。

(4)現金流量淨利率

這是以淨利潤與現金及現金等價物淨增加額之比，說明企業經營質量優劣。計算公式：

現金流量淨利率＝淨利潤÷現金及現金等價物淨增加額

它反映企業每實現 1 元的現金淨流量總額所獲得的淨利潤額，獲得越多，說明企業的效果越好。

(5)營業收入收現率

它是以銷售商品、提供勞務收到現金與主營業務收入之比，說明企業產品銷售形勢的好壞。計算公式：

營業收入收現率＝銷售商品和提供勞務收到的現金÷主營業
務收入

該指標接近 1，說明企業產品銷售形勢很好，相對於購買者存
在比較優勢，或企業作用政策合理，收款工作得力，能及時收回貨
款，收益質量高；反之，說明企業銷售形勢不佳，或存在銷售舞弊
可能性，或是信用政策不對路、收款不得力，收益質量差。當然，
分析時還應結合資產負債表中應收帳款的變化及利潤表中利潤的
變化趨勢，如果該指標出現大於 1，可能是由於企業本年銷售萎縮，
或以前應收帳款收回而形成。

(6)折舊──攤銷影響比率

它是以固定資產折舊加無形資產攤銷額與經營活動現金流量
淨額之比，說明企業收益質量的優劣。計算公式：

折舊、攤銷影響比率＝（固定資產折舊額＋無形資產攤銷額）÷
經營活動現金流量淨額

該指標較高，說明企業在計算淨利潤時採用了較為穩健的會計
政策，會計收益能較為謹慎、真實可靠地反映企業實際盈利狀況，
同時表明企業固定資產和無形資產的價值得到了足夠的補償，有利
於更新設備和引進新技術，維持企業的後勁，企業收益質量好；反
之，如果該指標較低，說明企業對收益的計量採取比較樂觀的態
度，收益可能虛計，而且表明企業可能無法保全生產能力，影響獲
利的可靠性，企業收益質量低。

5. 從經營活動現金流量與資本有關指標對比來診斷企業健康狀況

(1)自有資本金現金流量比率

它是經營活動現金流量淨額與自有資本金總額之比。說明企業

以自有資本金創造經營現金的能力。計算公式：

　　　資本金現金流量比率＝經營活動現金流量淨額÷自有資本金
　　　　　　總額

　　自有資本金總額為資產負債表中「所有者權益」期末金額，它反映了投資才投放資本及積累進行經營創造現金的能力，比率越高，資本回報能力越強。

　　(2)每股經營現金流量

　　它是以經營活動現金流量與總數之比，說明每股在報告期內所產生經營現金流量。計算公式：

　　　每股現金流量＝經營活動現金流量÷股份總數

　　與每股收益相比，每股現金流量排除了會計政策和稅收對淨利潤的影響，能夠更客觀地反映股東可能獲取的報酬。由於經營活動產生的現金流量是現金股利的主要來源，所以它是反映支付股利能力質量標準，比率越高，支付股利能力的質量也就越高。

　　(3)現金流量現金股利比率

　　它是以經營活動現金流量淨額與現金股利總額之比，是評價支付股利的能力。計算公式：

　　　現金流量股利比率＝經營活動現金流量淨額÷現金股利總額

　　這一比率是衡量企業使用經營活動產生的現金流量淨額支付股利的能力，這一比率越高，說明企業支付現金股利保障越大。非股份制企業可用「經營活動現金流量淨額分配利潤比率」反映其分配投資利潤的支付能力。

二、由現金流量變動來診斷企業健康狀況

現金流量變動診斷是將不同時期同類指標的數值對比求出差異，從而診斷分析該指標的發展方向和速度、觀察識別經營活動的變化趨勢判斷企業健康狀況。分析的形式有現金流量趨勢構成分析診斷、現金淨增減額趨勢分析診斷、現金流量比率趨勢分析診斷。

1. 從現金流量構成趨勢診斷企業健康狀況

現金流量構成趨勢診斷分析，是診斷現金流量在經營活動、投資活動和籌資活動之間的增減變動趨勢，從而分析判斷企業未來變動趨勢(見表 28-1)。

表 28-1　現金流量構成趨勢診斷分析表

現金流量方向			分析診斷影響結果
經營活動	投資活動	籌資活動	
＋		＋	表明企業處於高速發展擴張期。這時產品迅速佔領市場、銷售呈現快速上升趨勢，表現為經營活動中大量貨幣資金回籠，同時為了擴大市場份額，企業仍需要大量追加投資，而僅靠經營活動現金流量淨額遠不能滿足所追加投資，必須籌集必要的外部資金作為補充。但應注意分析投資項目的未來報酬率。
		＋	有兩種情況：①企業處於初創期階段，企業需要投入大量資金，形成生產能力，開拓市場，其資金來源只有舉債、融資等籌資活動。②企業處於衰退階段，靠借債維持日常生產經營活動，如渡不過難關，再繼續發展其前途非常危險。

續表

+	+		表明企業進入成熟期。在這個階段產品銷售市場穩定,已進入投資回收期,經營及投資進入良性循環,財務狀況穩定安全,但很多外部資金需要償還,以保持企業良好的資信程度。
	+		表明企業處於衰退期。此時期的特徵是:市場萎縮;產品銷售的市場佔有率下降,經營活動現金流入小於流出,同時企業為了應付債務不得不大規模收回投資以彌補現金的不足。如果投資活動現金流量來源於投資收益還好,若來源於投資回收,則企業將面臨破產。
	+	+	表明企業靠借債維持經營活動所需資金,財務狀況可惡化,應分析投資活動現金流入增加是來源於投資收益還是投資收回。如是後者,企業面臨嚴峻的形勢。 這種情況往往發生在盲目擴張後的企業,由於市場預測失誤等原因,造成經營活動現金流出大於流入,投資效益低下造成虧損,使投入擴張的大量資金難以收回,財務狀況異常危險。到期債務不能償還。
+	+	+	表明企業經營和投資收益良好,但仍在繼續籌資,這時需要瞭解是否有良好的投資機會及效益。千萬要警惕資金的浪費。
+			表明企業經營狀況良好,可在償還前欠債務的同時繼續投資,但應密切關注經營狀況的變化,防止由於經營狀況惡化而導致財務狀況惡化。

　　註:「+」表示現金流入量大於現金流出量:「-」表示現金流出量大於現金流入量。

2. 從現金流量變動趨勢診斷企業健康狀況

它是將連續若干年度的現金流量表彙集在一起，從較長時期觀察和分析企業的現金注入和現金流出的變化及發展趨勢，並從中找出企業生產經營發展所處的階段，預測企業未來的經濟前景，特別是只有通過幾個年度現金流量表的橫向分析，才能對該企業資金的使用方向及其主要來源管道等揭示清楚。

3. 從現金流量比率變動趨勢診斷企業健康狀況

它是以經營活動現金流量與其他相關財務指標相比，求出一定比率，然後將一定連續期間比率進行對比，以觀察分析經營成果、財務狀況有無異常現象。

[例 2]現以奇普公司 1998、1999、2000 年現金流量及相關指標比率的發展趨勢，分析判斷如下：

心得欄 ------------------------------

現金流量及相關指標比率的發展趨勢分析判斷

指標及計算公式		年度(%)			正常值
		1998	1999	2000	
盈利質量分析	現金流量淨利潤比率=經營現金流量淨額÷淨利潤	-23.30	-4.40	29.70	當利潤>0 時大於 1
	現金偏離標準比率=經營現金流量淨額/淨利潤+折舊+攤銷	-20.90	-3.80	28.00	應在 1 左右
	現金流量利潤比率=經營現金流量淨額/營業利潤	-12.30	-4.80	27.80	一般應大於 1
償債能力分析	現金流量負債比率=經營現金流量淨額/負債總額	-2.40	0.40	6.90	越高越好
	現金利息保障倍數=經營現金流量淨額/利息支出	0.715	0.935	2.794	越高越好
	現金流量流動負債比率=經營現金流量淨額/流動負債	-2.80	-0.70	8.50	越高越好
營運效率分析	現金流量營業收入比率=經營現金流量淨額/資產	-3.40	-1.10	13.70	在 1 左右較好
	現金流量資產比率=經營現金流量淨額/資產總額	-1.30	-0.20	3.90	越高越好
	現金流量構成=各項現金流量/各項現金流量之和				
	其中：經營現金淨流量淨額：單位(萬元)	-2079	-557.5	12410	一般為正數
	投資現金淨流量淨額：	-12344	-37217	-25592	
	籌資現金淨流量淨額：	12128	65581	34518	
	淨利潤(萬元)	5847.2	12778.7	41764.6	
相關指標	淨利潤(萬元)	5847.2	12778.7	41764.6	
	主營業務收入(萬元)	60628.5	52603.8	90898.9	
	營業收入淨利潤率(%)	9.64	24.29	45.95	

趨勢動態分析表

指標	1998年 數值(%)	1999年 數值(%)	1999年 比上年 (+)(-)	1999年 上比年 (+)(-)%	2000年 數值 (%)	2000年 比上年 (+)(-)	2000年 上比年 (+)(-)%	2000年 與1998比 (+)(-)
盈利質量分析 經營現金流量淨額淨利潤比率	(1) -23.30	(2) -4.40	(3)=(2)-(1) +18.90	(4)=(3)/(1) +81.12	(5) 29.70	(6)=(5)(2) +34.10	(7)=(6)/(2) +775.00	(8)=(5)-(1) +53.00
經營現金偏離標準比率	-20.30	-3.80	-17.10	+81.82	28.00	+31.80	+836.84	+48.90
經營現金流量淨額利潤比率	-12.30	-4.80	+7.50	+60.98	27.80	+32.80	+683.33	+40.10
償債能力分析 經營現金流量淨額負債比率	-2.40	-0.40	+2.00	+83.33	6.90	+7.30	+1825.00	+9.30
經營現金利保障倍數	0.715	0.935	+0.22	+30.77	2.794	+1.859	+198.82	+3.509
經營現金流量淨額流動負債比率	-2.80	-0.70	+2.10	+75.00	8.50	+9.20	1314.29	+11.30
營運能力分析 經營現金流量淨額營業收入比率	-3.40	-1.10	+2.30	+67.65	13.70	+14.80	+1345.45	+17.10
經營現金流量淨額總資產比率	-1.30	-0.20	+1.10	+84.62	3.90	+4.10	+2050.00	+5.20
其中：經營現金淨流量	-2079	-557.50	+1521.5	+73.18	12410	+129675	+2326.00	+14489
投資淨現金淨流量	-12344	-37217	-24873	-201.50	-25592	+11625	+31.24	-13248
籌資現金淨流量	12128	65581	-53453	-440.74	34518	-31063	-47.37	+77610
相關指標 淨利潤（萬元）	5847.2	12778.7	+6931.5	+118.5	41764.6	+28985.9	+226.8	+35917.4
主營業務收入（萬元）	60628.5	52603.8	-8024.7	-13.2	90898.9	+38295.1	+72.80	+30270.4
營業收入淨利潤率(%)	9.64	24.29	+14.65	+151.97	45.95	+21.66	+89.17	+36.31

三、由財務趨勢來判斷現金流量趨勢

　　根據三年來財務指標發展趨勢，從盈利質量、償債能力、營運效率、分析識別如下：

1. 現金流量盈利質量的分析判斷

(1)經營現金流量淨額與淨利潤比率

　　該指標是說明淨利潤中現金收益的比重，一般而言，當利潤大於 1 時，該指標應大於 1，而奇普公司自 1998 年以來三年的數值分別為-23.3%；-4.4%；29.7%脫離標準很遠。這說明企業雖然創造了利潤，但提供的現金很少，在一般情況下不可能存在連續幾年經營現金流量遠遠小於淨利潤情形的發生。

(2)現金流量偏離標準比率

　　該指標是衡量企業取得經營現金流量淨額佔「淨利潤+折舊+攤銷」的比重。一般來講，該指標應在 1 左右。奇普公司自 1998 年以來，三年的數值分別為-20.9%；3.8%；28%，這說明該公司現金流量偏離標準的現象異常嚴重。按照現金流量表補充資料提供數值，兩者差異主要體現在經營性應收、應付項目上。經進一步查找原因，發現在 1998 年應收帳款項目上沉澱了 2.04 億元，佔銷售收入 33%，當公司下一年收回貨款時，該指標應大於 1，但下年度該指標仍為負值。這就是嚴重的不正常狀態，降低了盈餘的質量。

(3)經營現金流量淨額與營業利潤比率

　　由於該兩項指標都對應於公司的正常經營活動，因此有較強的配比性。該比值一般應大於 1，而奇普公司自 1998 年以來分別為-12.3%；-4.8%；-27.8%，通過幾年來發展趨勢看，與標準相距甚

遠，可以看出該公司的盈利質量是相當低劣的，存在著虛增利潤的可能。

2. 現金流量償債能力的分析判斷

⑴ 經營現金流量與負債總額比率

該指標是預測公司財務是否危機的極為有用的指標。比值越大表明償債能力越強，企業越健康，奇普公司自 1998 年以來該指標為-2.4%；-0.4%；6.9%。這一變化趨勢充分說明企業的經營活動對負債的償還不具備保障作用。如果公司要償還到期的債務，就必須靠投資活動及籌資活動來取得現金，如果投資沒有取得效益，那麼只能靠籌資活動，如籌資遇到困難，公司就出現無法償還到期債務的情形。

⑵ 現金利息保障倍數

該數值是經營現金流量淨額與利息支出之比。這一指標類似於利息保障倍數，但它更具合理性，因為淨利潤是按權責發生制原則計算的，只是帳面利潤並不能用來支付利息。奇普自 1998 年以來，三年的數值分別為：0.175；0.935；2.794，這一變動趨勢看出，前兩年公司利稅前的經營現金流量淨額連支付利息都不夠，更無力償還到期債務的本金了。

⑶ 經營現金流量與流動負債比率

該指標反映了經營活動產生的現金流量對到期負債的保障程度。如果公司經營活動產生現金流量能滿足支付到期債務，則企業就擁有較大的財務彈性，財務風險也相應減少。奇普公司自 1998年以來，三年數值分別為：-2.8%；0.7%；8.5%，從這一變化趨勢看出，前兩年的經營現金流量對負債並不能起保證作用。

從以上分析對比看，奇普公司的償債能力嚴重不足，存在極大

財務風險問題，是不健康的。

3. 現金流量營運效率的分析判斷

(1)經營現金流量與主營業務收入比率

該比率反映企業通過主營業務產生現金流量的能力。一般來講應為正值 1 左右。奇普自 1998 年以來，三年的比率數值分別為：-3.4%；-1.1%；13.7%。該公司持續高額利潤居然連續兩年不能產生正的經營現金流量，而需要靠籌資活動來維持企業的正常生產經營，其資金運營效率顯然是很低的，這種反常現象是極其不健康的表現。

(2)經營現金流量與資產總額比率

該指標是反映企業運用全部資產產生現金流量的能力，而奇普公司自 1998 年三年以來，該指標的數值分別為-1.3%；-0.2%；3.9%。這充分說明公司運用所擁有和控制資產產生現金流量的能力極其有限。

(3)現金流量構成

通過這一指標可以瞭解企業現金流量的真實來源。從而識別公司產生現金流量的能力。

[例 3]奇普公司 1998 年經營活動的現金流通量為-2079.2 萬元，投資現金流量為-12344.3 萬元，籌資現金流量為 12128.3 萬元，現金流量為-2295.2 萬元。由此看出，公司的經營活動沒有給公司創造現鈔流入，而公司購置設備、對外投資等活動所需要的現金都是通過籌資活動來解決。儘管該公司籌集了 3.5 億元現金，但仍不能滿足企業現金支出的需要。到 1999 年更是變本加厲，其經營現金流量和投資現金流量分別為-557.5 萬元，-31217 萬元，而籌資活動現金流量達到 65581.5 萬元，比上年增加了 87.38%。公

司經營活動仍不能產生現金淨流量，巨額投資都是通過外部籌資而來。由此看出該公司營運效率何其低下，一個企業完全靠籌資金來彌補經營及投資所需現金，是不能長期維持下去的。

　　從現金流量分析的三個方面來看，奇普公司是個財務風險很大、盈利質量低落靠借款度日的公司。

　　通過上表可以觀察各項財務指標的發展趨勢，如經營現金流量淨利潤比率。1998 年為-23.3%，而 1999 年為-4.4%，到 2000 發展為 29.70%。從發展趨勢看，1999 年比 1998 年增長了 18.9%，增長率為 81.16%。2000 年比 1999 年又增加了 34.1%，增長率為 77.5%，可見此變化較為異常。如果再從相關指標中的營業收入/淨利潤率發展趨勢來看，1998 年為 9.64%，而 1999 年上升到 24.29%，增長了 14.65%，增長率為 118.5%，而主營業務反而減少了 13.2%。到 2000 年該指標達到了 45.95%，比上年又增長了 21.66%，增長率為 86.46%，而主營業務收入只增長了 72.8%，特別是營業收入淨利潤率高達 45.95%，有些異常。需要進一步分析，識別淨利潤的情況，可見比率趨勢分析是識別財務指標真實性的有效方法，也是判斷企業健康狀況的有效方法。

　　趨勢分析法還可以圖示形式描述發展趨勢。以觀察其發展變化是否異常。仍以奇普公司①經營現金流量淨利潤率和②經營現金流量偏離標準比率為例作趨勢圖如下：

圖 28-1 奇普 1998-2000 年兩指標趨勢圖

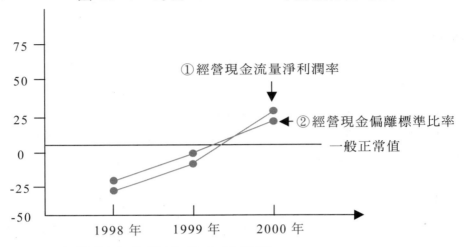

4. 從組合趨勢進行分析判斷

它是將多項相關財務指標資料的發展趨勢組合在一起，從中尋找辨別會計報表反映其財務狀況及經營成果和現金流量情況真實程度和健康狀況的調查分析重點。

[例 4]大業公司 1997-2000 年主營業務收入等財務指標情況如下：

項目	1997 年	1998 年	1999 年	2000 年
主營業務收入	1251251959	1640339546	1851429974	1840909605
固定資產合計	352720888	835370749	1698086292	2169016000
應收賬款	45651026	38809673	12418827	8571780
經營活動產生的現金流量淨額	134910339	300230321	691283729	785829628
資產總計	1210891242	1706789261	2342430409	2837651898
流動資產合計	592046389	646733177	486134604	433106704
其中：貨幣資金	279649067	150611502	192755276	167144107
存貨	53610640	256502060	266143843	279344857

根據上文分析，看出異常現象如下：

(1)從固定資產增長額看，固定資產 1998 年比上年增加了482649861 元，增長了 137%，而該期間主營業務收入比上年增加了 389087587 元，只增加了 30%，而經營活動現金流量淨額比上年增加了 165319982 元，增長了 123%，顯然兩者不配比。同理：1999年比 1998 年固定資產增加了 862715543 元，增長了 103.3%，主營業務收入比上年增加了 211090428 元，增長了 12.9%，而經營活動現金流量淨額比上年增加了 391053408 元，增長了 130.3%，而2000 年比 1999 年固定資產增長了 28%，主營業務收入反而減少1%，經營活動現金流量淨額只增長了 14%，由此看出固定資產增加了，但沒有創造收入。

(2)從應收帳款佔用餘額看，自 1998 年以來連續三年逐漸下降，增長比率是 1998 年比 1997 年增長了-15%，1999 年比 1998年增長了-68%，2000 年比 1999 年又增長了-31%。2000 年末比 1997的末減少 37079246 元，減少了 81.22%。

顯然，從以上分析看出，固定資產增加的主要資金來源是靠籌資及壓縮應收帳等。

(3)從上述組合分析看出，固定資產從 1997 年末的 352720888元，增加到 2000 年末的 2169016000 元，增加了 1816295112 元，增長了 514.9%，即 5 倍多。而主營業務收入由 1997 年 1251251959元，增加到 2000 年的 1840909605 元，增加了 589657646 元，只增長了 47.1%。顯然，三年來增長比率相差太懸殊了，有必要對固定資產總額的構成作進一步分析診斷，看究竟增加了那些類別固定資產。根據 1997 年至 2000 年資產負債表資料看增長較快的主要項目是「在建工程」。

　　現將四年來在建工種項目發生額及餘額摘錄如下：

1997-2000 年在建工程發生額及餘額

年度	年初餘額	本年增加額	本年轉入固定資產	期末餘額
1997 年	136289989	140190331	0	276480320
1998 年	276480320	476574970	265838026	487217264
1999 年	487217264	890229051	942348213	435098102
2000 年	435098102	713277836	926840580	221535358
合計		2220272188	2135026819	

　　(4)總結：根據以上趨勢分析，不難看出比夏股份會計報表反映的財務狀況、經營成果及現金流量的重要線索有以下幾點：

　　① 流動資產自 1998 年以來逐年下降。到 2000 年只有 433106704 元，而存貨逐年增加，到 2000 年末存貨由 1997 年末的 53610640 元，增加到 279344857，增加了 225734217 元，增長了 421%，相當於 4 倍多。存貨為什麼造成積壓，是應關注的問題。

　　② 總資產逐年增加。到 2000 年末與 1997 年末相比由 1210891242 元，增加到 2837651898 元，增加了 1626760656 元，增長了 134.3%。其中主要是固定資產增加較快。1997 年固定資產佔資產總額的 29.13%。而到 2000 年末期比重上到 76.44%，償還短期債務能力非常低，這是個值得關注的問題。

　　③ 固定資產創造主營業務收入逐年下降，由 1997 年每 100 元固定資產創造主營業務收入 355 元，到 2000 每 100 元固定資產只創造主營業務收入 84.87 元，下降了 270.13 元，為什麼固定資產

的使用效率下降，而且下降幅度如此之大，值得企業關注。

④固定資產增長速度幾乎與「經營活動產生和現金流量淨額」增長速度同步。這說明該公司絕大部份「經營活動產生現金流量淨額」轉變為固定資產。

通過組合趨勢分析可發現矛盾、找出線索。為深入調查分析指出了方向，有利於分析、診斷會計報表真實程度，和健康狀況。

總之，通過企業會計報表不同指標對比分析，可診斷出企業近期健康狀況；通過連續數期報表的不同指標對比分析，可診斷出企業健康狀況變化趨勢。

四、營運資金的診斷調查

對於企業所營運的資金如需做整體性的診斷分析，可依其性質分為：

⑴靜態的計數比較；

⑵稍具動態性的分析；

⑶較具動態性的分析；

⑷與管理活動直接有關問題的分析。

由企業營運資金的來龍去脈可看出該企業的潛在力及營運情形。診斷方法介紹如下：

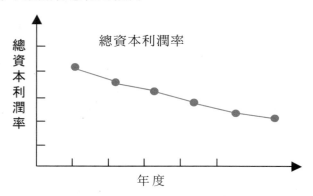

(1)每年顯然有惡化的傾向。

(2)因此,將此分解為資本週轉率與銷售利潤率分別檢查。

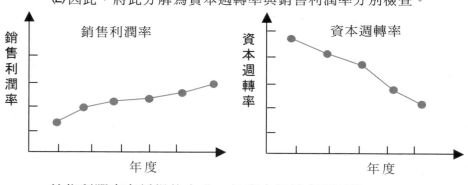

銷售利潤率有緩慢的上升,但資本週轉率則下降。

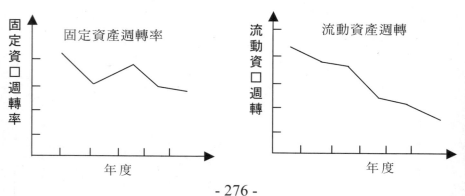

(3)由此發現流動資產調轉不良為其原因。

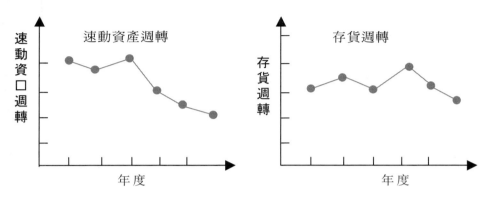

(4)由此，可視為因存貨管理及製造管理不良所引起的材料、半成品、製品庫存量增大。

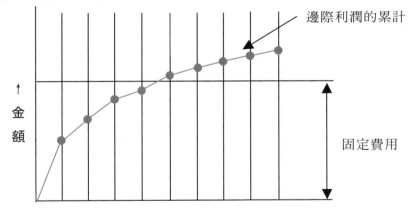

⑸接著檢討每批製品的邊際利潤,可知也有極度低的,是由於逐年增加的產品數而發生此弊病。

對於製品、零件、材料的標準化及簡單化問題作具體的調查。

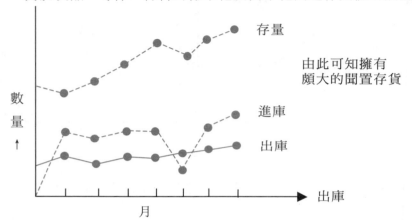

數量↑

存量

由此可知擁有
頗大的閒置存貨

進庫

出庫

月 出庫

⑹依 ABC 分析的重點分析,對於調查對象予以評核,並對主要項目作下列檢查。

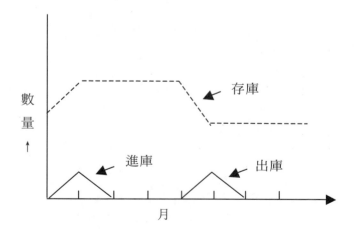

數量↑

存庫

進庫

出庫

月

(7)對於主要製品，須從發單至提貨，或從生產命令至完成所需的日數，更以 1 個月的平均需要數與其變動作一比較。

(8)由以上推算：

①經濟批量；

②調整存量並調整其差異。

(9)施以事務分析，並對銷售預測，製品存量計劃，生產計劃、物料計劃，採購計劃，製造管理（尤其是半成品管理）的手續，加以數字上的檢查。

 心得欄 _____

_____

_____

_____

_____

_____

29

營運能力分析

一、案例

　　宜蘭鉛筆股份有限公司是一家生產活動鉛筆、高級繪圖鉛筆、色芯鉛筆等的股份有限公司。1992 年便陷入了四面楚歌的境地，當時企業「相互殘殺」。儘管宜蘭公司擁有「中華牌」和「長城牌」這兩個家喻戶曉的老牌「明星」，但競相削價的衝擊使他們喘不過氣來。

　　宜蘭公司只能背水一戰，它們在依託名牌的基礎上，在包裝、品種、款式、裝潢等方面對老名牌進行了徹底的改造和革新，這樣，「中華牌」和「長城牌」鉛筆不僅頂住了市場的衝擊，而且以高出其他品牌兩倍的價格暢銷不衰。

　　1996 年公司有關財務資料見表 29-1 和表 29-2。

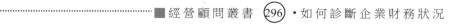

表 29-1 合併資產負債表(1996 年 12 月 31 日)

編制單位：宜蘭鉛筆股份有限公司　　　　　　　　　　金額單位：元

資產	合併年初數	合併年末數	負債及股東權益	合併年初數	合併年末數
流動資產：			流動負債：		
貨幣資金	93039438.09	80505167.70	短期借款	58993000.00	82993000.00
短期投資	32234107.18	43264046.18	應付票據	4961580.92	6777779.32
應收票據	2352369.61	13730052.65	應付賬款	28283596.81	29931675.22
應收賬款	56009815.39	72960770.62	預收貨款	3058162.57	653702.68
減：壞賬準備	280049.08	364803.85	應付福利費	849396.80	784712.51
應收賬款淨額	55729766.31	72595966.77	未付股利	47344057.28	49457453.27
預付貨款	5003615.75	112738.02	未交稅金	2744424.92	2688014.48
其他應收款	11687212.18	14831593.33	其他未交款	506.17	52362.05
待攤費用	2387978.07	1659773.64	其他應付款	37466954.69	5137280.96
存貨	41677751.28	47927134.01	預提費用	46414.30	493675.72
減：存貨變現損失準備			一年內到期的長期負債		
存貨淨額	41677751.28	47927134.01	其他流動負債	5000000.00	2000000.00
待處理流動資產淨損失	85356.00	45356.00	流動負債合計	188748094.46	180969656.21
一年內到期的長期債券投資					
其他流動資產			長期負債：		
流動資產合計	244197594.47	274671828.30	長期借款	7791000.00	13852000.00
長期投資：			應付債券		
長期投資	45012754.56	455060.10	長期應付款		
合併價差	416680.93	416680.93	其他長期負債	11040000.00	7360000.00

續表

資產	合併年初數	合併年末數	負債及股東權益	合併年初數	合併年末數
固定資產：			長期負債合計	18831000.00	21212000.00
固定資產原價	116191206.02	128452670.53	遞延稅項：		
減：累計折舊	15748783.00	24084642.95	遞延稅款貸項		
固定資產淨值	100442423.02	104368027.58	負債合計	207579094.46	202181656.21
在建工程	93135252.37	84271208.61			
固定資產清理			少數股東權益	5001109.11	107689575.39
待處理固定資產淨損失			股東權益：		
固定資產合計	193577675.39	188639236.19	股本	138419424.00	152261366.00
無形資產及遞延資產			資本公積	102479621.91	88643679.91
無形資產	8937808.15	8941037.21	盈餘公積	39653750.84	65952370.07
遞延資產	7199774.40	8395718.97	其中：公益金	12787207.28	18610027.88
無形及遞延資產合計	16137582.55	17336756.18	未分配利潤	6207287.58	6711514.12
其他長期資產			外幣報表折算差額		
			股東權益合計	286762084.33	313568930.10
遞延稅項：					
遞延稅款借項					
資產總計	499342287.90	526519561.70	負債及股東權益總計	499343287.90	526519561.70

表 29-2 合併利潤及利潤分配表(1996 年)

編制單位：宜蘭鉛筆股份有限公司　　　　　　　　金額單位：元

項目	合併上年數	合併本期數
一、主營業務收入	196587463.93	241751062.47
減：營業成本	122134748.45	153103771.73
銷售費用	207644.62	1875912.80
管理費用	29363665.36	36719968.67
財務費用	441126.73	4002244.02
進貨費用	91731.36	330975.76
營業稅金及附加	3870706.74	4601604.69
二、主營業務利潤	38909040.67	41116584.80
加：其他業務利潤	6635812.80	12641327.53
三、營業利潤	45544853.47	53757912.33
加：投資收益	9099542.52	8131915.41
補貼收入	29577.81	17156.50
營業外收入	681178.39	804927.30
減：營業外支出	2341639.30	650601.84
加：以前年度損益調整		
四、利潤總額	53013512.89	62081299.70
減：所得稅	4290287.40	2876668.57
項目	合併上年數	合併本期數
減：少數股東損益	700109.11	1951512.16
五、淨利潤	48023116.38	5723118.97
加：年初未分配利潤	5048773.50	6209287.58
盈餘公積轉入數		
六、可分配的利潤	53071889.88	63462406.55
減：提取法定公積金	8861229.01	11709592.22
提取法定公益金	5032733.34	87641.00
職工獎金福利		
七、可供股東分配的利潤	39177927.53	42986607.92
減：已分配優先股股利		
提取任意公積金	2516366.67	5822820.60
已分配普通股股利	30452273.28	30452273.20
未分配利潤	6209284.58	6711514.12

二、診斷分析

對宜蘭公司 1996 年的營運能力進行分析，重點分析的指標有以下幾個：

1. 總資產週轉率

總資產週轉率是一定時期內企業銷售收入與平均資產總額的比率，它反映企業總資產的利用效率，其計算公式為：

總資產週轉率＝銷售收入/平均資產總額

總資產週轉率反映企業總資產的週轉速度。一般而言，總資產週轉率越高，表明總資產週轉速度越快，企業利用全部資產進行生產經營的效率越高，企業的盈利能力增強，整個企業的經營管理水準越高，否則相反。

根據 1992 年財務報告的統計數字，工業企業總資產週轉率平均水準為 0.64，宜蘭公司資產週轉率沒有達到平均水準，僅從這一指標分析，反映公司總資產運營效果欠佳，銷售能力不強，但還應結合流動資產週轉率指標及流動資產佔總資產的比重來分析評價。

2. 流動資產週轉率

流動資產的運作水準是企業管理水準的最重要方面，也是目前大多數企業存在問題較多的薄弱環節。在市場蕭條情況下，企業存在大量的存貨、應收賬款，一旦管理不善，必然造成大量損失，導致企業虧損。對企業的全部流動資產的營運水準，採用流動資產週轉率評價。其計算公式如下：

流動資產週轉率＝銷售收入淨額/平均流動資產

流動資產週轉率是評價企業資金流週轉速度的綜合指標。它包括了存貨和應收賬款的週轉速度和週轉品質，也包括了對銀行存款、預付貨款和其他應收款的管理水準的考核。縱向和橫向比較流動資產的週轉率可以評估企業的管理水準。

1996 年公司流動資產佔公司總資產的 52%，與 1995 年相比增加了 3%。公司還有必要對流動資產各構成要素進行分析，如應收賬款週轉率、存貨週轉率，以揭示影響公司流動資產週轉效率的具體原因。

3. 應收賬款週轉率

應收賬款週轉率是評價企業銷售信用政策和對應收賬款管理水準的指標，計算公式如下：

應收賬款週轉率＝賒銷收入淨額/應收賬款平均餘額

應收賬款週轉天數＝360/應收賬款週轉率

企業的賒銷淨額是扣除銷售折讓、折扣和退貨後的賒銷額。但在實際計算過程中，企業的賒銷淨額較難確定，外部分析者則更加無法確定。因此，一般可以採用銷售額代替賒銷淨額。

應收賬款週轉率越快和應收賬款平均收賬期越短，表明企業對應收賬款的管理越嚴，對客戶的信用政策從緊，資金回籠快。企業的應收賬款週轉率和應收賬款平均收賬期並不存在標準的衡量值。即使同業之間，往往也難以比較，因為應收賬款週轉的速度和企業對市場的看法和對客戶的信用政策有密切關係。信用政策偏緊，往往會失去一部份客戶；信用政策偏鬆，則可能造成較多的壞賬損失。

市場銷售情況較好的企業，一般不存在應收賬款(或者很小)；市場銷售較差的企業則應收賬款較多，企業需要較多的流動資金保

持正常週轉。在現代激烈的市場競爭中，企業採用靈活的市場銷售手段，擴大市場佔有率已經成為企業生存和發展的重要主題。因此，應收賬款的管理成為企業流動資產管理的重要內容。

　　與 1992 年平均水準比較(平均水準 6.62 次，平均週轉天數為 54.4 天)，宜蘭公司應收賬款週轉率相對偏慢。另外公司兩年以上的應收賬款有 1650017.08 元，公司應及時加強對應收賬款的管理，以減少壞賬發生，提高資產的流動性。

　　4. 存貨週轉率

　　存貨週轉率是銷售成本和平均存貨的比率，即：

　　存貨週轉率＝銷售成本/平均存貨

　　存貨週轉率是評價企業流動資產運用和管理的重要指標。在計算存貨週轉率是應注意企業的市場特點。如果企業的市場銷售存在較大的季節差別，計算平均存貨時應計算季平均值或月平均值。由於存貨週轉率是相對指標，因此，它可考核企業的市場銷售能力，也可考核企業的採購管理、存貨管理水準、生產加工能力和效率。

　　在正常情況下，存貨週轉率越高越好。當企業保持既定存貨水準的條件下，存貨週轉次數越多，週轉一次所需天數越少，表明企業銷貨成本數額增多。只要這種銷貨成本數額的增多是由銷貨數量增多所引起的，則表明企業的銷售流轉能力增強。反之，則說明企業的銷售流轉能力不強。公司應與同行業其他企業平均水準相比較或與本公司歷史水準相比較，以反映實際存貨週轉情況。

三、解決方案

　　企業財務分析中，欲發揮「營運能力」指標作用，以評價企業

生產資料的運營效果，必須研究其具體分析方法及其應用中應關注的問題。經營者為了分析影響存貨週轉速度的具體原因，還可以進一步分別按原材料在產品、產成品計算存貨資產的階段週轉率，以考慮、評價供產銷不同階段的存貨營運效率。

各指標在與同行業平均水準對比時，要注意指標計算口徑的一致性，這樣，各指標才具有可比性。

在對企業生產資料運營能力進行分析的基礎上，經營者還應關注對企業人力資源營運能力的分析。

1. 評價企業的營運能力，通常要用的指標有：應收賬款週轉率、存貨週轉率、流動資產週轉率、固定資產週轉率等。

2. 應收賬款週轉率越高，表明企業應收賬款的風險小，壞賬損失少；存貨週轉率越高，則表明企業存貨管理水準高，企業銷售能力強，反之，則存在不足。流動資產週轉率反映了整個流動資產的使用情況，越高越好。

心得欄 -
- -
- -
- -
- -
- -

30

財務報表分析

一、案例

　　彩麗服裝公司成立於 1993 年，公司主要業務是生產和銷售各式女裝。每年春秋兩季是公司的營業旺季，約佔公司全年銷售額的60%。為配合業務需要，公司採用季節性生產方式生產。1995 年 3月公司聘請李娟擔任彩麗公司經理，李娟到任不久就決定，廢除公司原有的季節性生產方式，改為全年生產。因為彩麗公司以往經常將大筆週轉金存入該地區商業銀行，故該銀行很想同彩麗公司建立往來關係，彩麗也同意將公司的流動資金存於該銀行，但在不妨害公司營運的前提下，可移部份資金他用。

　　在採取上述行動後，李娟發現，每當季節性旺季來臨前，公司就必須以短期貸款的方式向銀行融通購買布料所需的資金。雖然銀行同意授予彩麗公司 440 萬的信用額度，但貸款合約上寫明：①彩麗公司要在每個會計年度後，還清所有貸款。否則，在下個營業旺季來臨前，公司不得再貸新款。②每年年初，若彩麗公司已如期還清上年貸款，銀行將 440 萬信用額度自動延展到下一會計年度供彩麗公司使用。

　　1998 年 6 月，彩麗公司開始生產下半年度秋裝，公司已動用

了 432 萬信用額度，8 月秋裝全部生產完畢，而春裝生產計劃正在
擬訂中。李娟瞭解，須先將目前的 432 萬貸款還清後，才能順利貸
到下筆款項，以融通春裝生產所需資金。

　　1997 年以前，彩麗公司一直可以順利將存貨與應收賬款轉換
成現金，在 12 月 31 日還款期限截止前，還清全部的銀行貸款。而
在 1997 年和 1998 年這兩個會計年度，彩麗公司卻無法如期還款
（見表 30-1）。

表 30-1　資產負債表

單位：千元

項目	1996 年 12 月 31 日	1997 年 12 月 31 日	1998 年 12 月 31 日
現金	880	560	480
應收賬款	3600	000	5200
存貨	4200	7200	12000
流動資產合計	8680	11760	17680
固定資產	3180	3992	5884
資產總計	11860	15752	23564
銀行借款	0	1560	3920
應付賬款	2400	3600	7400
應付工資	600	780	1000
應交稅金	120	112	264
流動負債合計	3120	6052	12584
長期借款	680	640	600
股本	3000	3000	3000
資本公積	2400	2400	2400
留存收益	2660	3660	4980
權益合計	11860	15752	23564

　　1998 年秋季銷售結束後，彩麗尚有相當多存貨。結果截止 12 月 31 日，公司僅能償還 432 萬元銀行貸款的一小部份（40 萬元），同時公司在支付應收賬款方面也有困難。李娟認為公司由於無法設計出能迎合潮流的新款秋裝，使得銷售旺季遠不如前，才會發生這些問題。

　　由於彩麗公司在 1998 年秋季的銷售狀況仍不好，只好靠發行新股來籌措資金還款，李娟動用部份股金還清了銀行貸款，同時也支付了一些已過期的應付賬款。但總經理李娟希望商業銀行能將彩麗公司的信用額度提高為 600 萬元，以便使用額外的 160 萬元支付一些即將到期的應付賬款。商業銀行同意，便指派該行信貸部經理何生到彩麗公司商討這一事宜，何生仔細分析了彩麗公司近三年的財務情況，發現了下列問題：

　　1.雖然總資產逐年增加，但利潤率卻逐年下降。

　　2.彩麗公司從未利用過供應商提供給該公司的優惠措施，即 2/10，n/30 的折扣條件。

　　李娟在會議中指出，由於商情判斷有誤，使彩麗公司在 1998 年的秋季銷售受挫，各種問題也應運而生，為此公司已調整了人事。何生則認為，雖然營業額下降可能會造成營運資金週轉不靈，但主要問題仍是由於近幾年來彩麗公司的資產擴充過快造成的。彩麗公司最近動用了 200 萬元購買設備，這只能造成公司現金短缺。何生告訴李娟，他會在會議結束後一個星期內決定是否要提供 160 萬元的額外信用額度給彩麗公司。

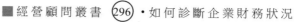

表 30-2 損益表

單位：千元

項目	96 年度	97 年度	98 年度
銷售收入	39000	40520	40800
銷貨成本	31760	32600	32960
銷貨毛利	7240	7920	7880
營業費用	3000	3200	3320
折舊費用	320	360	520
利息費用	320	320	360
其他費用	600	800	960
稅前淨利	3000	3240	2720
所得稅(50%)	1500	1620	1360
稅後淨利	1500	1620	136

表 30-3 有關平均的財務比率

流動比率 1.8
速動比率 1
存貨週轉率 7
應收賬款平均收賬期 30 天
固定資產週轉率 13.8 次
總資產週轉率 2.6
資產負債率 60%
銷售淨利率 3.2%
總資產報酬率 8.3%
股東權益報酬率 20%
利息保障倍數 8.2

二、診斷分析

1. 彩麗公司營運資金週轉不靈的原因：

①總經理李娟改變原來將大筆資金存於銀行以應付公司季節性資金需求的做法，而提出部份資金移作他用，使存於銀行的可用資金減少。

②公司由季節性開工改為全年開工，使營運資金的需求增多，但由於預測能力不佳，使營運狀況不良，存貨過多，積壓資金，應收賬款信用政策過寬，而導致週轉不靈。

③近年來，固定資產擴充太快，最近又動用 200 萬元購買設備，使現金短缺，也犯了以短期資金購買固定資產的錯誤。

④公司的代理成本增加，如近年來其他費用的升高。

2. 資產報酬率＝總資產週轉率×銷售淨利率，由「杜邦分析圖」可知，總資產報酬率逐年下降的原因。

①公司的其他運營成本的增加，有可能是因代理問題的產生。

②由於預測能力不佳使營運狀況不佳，存貨過多，高達 1200 萬元。

③應收賬款的信用標準過寬，使應收賬款逐年增加，1998 年高達 520 萬元。

④固定資產擴充過快，由 1997 年 399.2 萬元擴充至 1998 年的 584.4 萬元。

以上①的原因使銷售淨利潤下降(僅為 3.3%)，其餘原因使資產週轉率下降(1.73 次)，並導致總資產報酬率(3.2%×1.73)的下降。

3. 會提供額外的 160 萬元的信用額度。否則萬一公司因週轉不靈而倒閉，則銀行所貸給彩麗服裝公司的錢都無法拿回。此外，會對彩麗公司做一定的限制條件：

①增強公司的行銷預測能力，以免因無法掌握流行而滯銷。

②為避免全年開工無法掌握流行的趨勢，可多設幾條不受季節影響的產品生產線，如：生產內衣褲等。

③加強應收賬款的管理。

④建議將短期負債改為長期負債抵押借款。

4. 何生若拒絕，則公司採取以下措施：

①提供固定資產擔保來融資。

②提出公司將加強行銷預測能力以改善營運狀況的計劃。

③改善公司的各項財務比率，以達到同行業平均水準。如：

a. 處理過多的存貨。

b. 加強應收帳款的管理。

c. 處置某些閒置的固定資產或以改進產品生產線來提高固定資產使用效率。

對於彩麗公司這一案例，首先得從問題入手，將與該公司相關的財務比率計算出來；其次，結合趨勢分析對每一個財務比率進行具體分析，將其同平均財務比率比較，以找出問題存在的原因所在，以便供決策使用。本案例中，流動比率＝流動資產/流動負債，該比率在 1996 年、1997 年、1998 年，分別為 2.78、1.94、1.4，它們由 2.78 降至 1.4 表示短期償債能力下降，甚至低於平均財務比率 1.8。

由此入手，就可以將問題一一化解。最後，可以通過杜邦分析圖瞭解該公司總資產報酬率下降的原因。

三、解決方案

通過對財務報表的分析，實際上也是系統掌握有關財務指標，理解和運用這些指標的過程，從而達到企業財務分析的目的，即：

1. 評價企業償債能力。
2. 評價企業的資產管理水準。
3. 評價企業獲利能力。
4. 評價企業的發展趨勢。

經過診斷，應逐一解答問題的各方面，有關彩麗服裝公司的財務比率分析情況一覽表如下所示：

表 30-4　財務比率分析情況一覽表

比率名稱	彩麗服裝公司			平均財務比率	分析
	1996 年	1997 年	1998 年		
流動比率 流動資產 流動負債	2.78*	1.94*	1.4*	1.8	由 2.78 降至 1.40，表示短期償債能力下降，甚至低於財務平均比率 1.8
速動比率 (流動資產－存貨)/流動負債	1.44	0.75	0.45	1	由 1.44 降至 0.45，表示短期償債能力降低，甚至低於財務平均比率 1，且與流動比率相比較可知 98 年公司存貨很多。(速動比率＝(流動資產－存貨)/流動負債)

續表

比率名稱	彩麗服裝公司			平均財務比率	分析
	1996 年	1997 年	1998 年		
存貨週轉率 銷售成本 存貨	7.56	4.53	2.75	7 次	由 7.56 降至 275 次,低於平均財務比率標準 7 次很多,表明公司存貨過多,週轉不靈,積壓資金。
平均收現期 應收賬款×360/年銷貨淨額	33	36	46	30 天	由 33 天升至 46 天,高於平均水準的 30 天,表示公司近年來為確保銷售,對應收賬款未能很好管理,信用標準過寬。
固定資產週轉率 銷售收入 固定資產淨值	12.3	10.2	6.9	13.8 次	幾年來一直低於平均財務比率水準,而由 12.3 降至 6.9 次,代表公司的固定資產擴充過快,而銷貨並沒有因此增加許多,而使利用率過低。
總資產週轉率 銷售收入 資產總額	3.3	2.6	1.7	2.6 次	96、97 年兩年尚可以達到平均水準,98 年的 1.7 次經分析,一是由於流動資產高於歷年達 17680 千元之多;二是固定資產較歷年也多達 5884 千元,而銷貨收入的增幅並不很多。

續表

比率名稱	彩麗服裝公司			平均財務比率	分析
	1996 年	1997 年	1998 年		
資產負債率 負債總額 ────── 資產總額	32%	42%	56%	60%	公司負債歷年未有增加趨勢，且由資產負債表可知大部份為流動負債的增加。
利息保障倍數 (稅前淨利＋利息費用)/利息費用	10.4	11.1	8.4	8.2	支付利息能力逐年降低，這與淨利逐年減少相關。
銷售淨利率 稅利淨利 ────── 銷售收入	3.8%	4%	3.3%	3.2%	高於平均財務比率，說明獲利能力尚好。
⑽ 總資產報酬率 稅後淨利 ────── 總資產	12.6%	10.3%	5.8%	8.3%	逐年降低，98 年甚至低於平均比率，這與固定資產擴充，流動資產過多，使總資產增加，而淨利卻減小有關。
⑾ 股東權益報酬率 稅後淨利 ────── 股東權益總額	18.6% 1500/（ 3000＋ 2400＋ 2660）	17.9%	13.1%	20%	報酬率過低，代表經營能力不清。

31

對企業償債能力進行分析

一、案例

　　大安銀行接到華晨公司的貸款申請，銀行工作人員對華晨公司進行了調查瞭解。華晨公司是一家生產塑膠薄膜的小企業。2000年以前，由於產品單一，機器設備落後，生產成本高，在激烈的市場競爭中，處於極為不利的地位。產品積壓，虧損嚴重，拖欠工人工資，公司瀕臨倒閉的邊緣。2000 年，該公司抓住改革的契機，調整公司領導團隊，大膽引進人才，更新機器設備，增強產品品種、檔次，引入競爭機制，公司效益明顯上升。在此基礎上，公司狠抓行銷管理，擴大銷售管道，營運資本逐年增加，償還了舊債，當年實現開門紅。公司的資產負債表隨著生產經營的發展也不斷得到優化。

表 31-1　資產負債表

2001 年 12 月 31 日　　　　　　　　單位：元

資產	行次	年初數	期末數	負債及所有者權益	行次	年初數	期末數
流動資產：				流動負債：			
貨幣資金	1	2435209.84	2411724.06	短期借款	46	60671000	61950000
短期投資	2	3410375		應付票據	47		
應收票據	3			應付賬款	48	4515734.80	
應收賬款	4	7991642.81	25838106.95	預收賬款	49		
減：壞賬準備	5		39958.21	其他應付款	50	7342796.87	6748692.46
應收賬款淨額	6		25798148.74	應付工資	51		
預付賬款	7	4176094.25		應付福利費	52		−371925.73
其他應收款	8	56026576.18	55239253.90	未交稅金	53	416522.38	1384934.02
存貨	9	61409740.52	55503055.68	未付利潤	54		
待攤費用	10	953168.08	238833.32	其他未交款	55	19390.21	
待處理流動資產淨損失	11			預提費用	56		
一年內到期的長期債券投資	12			待扣稅金	57		
其他流動資產	13			一年內到期的長期負債	58		
流動資產合計	20	136402806.68	142601390.70	其他流動負債	59		
長期投資：				流動負債合計	65	68453243.51	74746825.76
長期投資	21	8725984	9695984.20				
固定資產：				長期負債：			
固定資產原價	24	65962268.89	56261384.61	長期借款	66	12815000	12765000

續表

資產	行次	年初數	期末數	負債及所有者權益	行次	年初數	期末數
減: 累計折舊	25	19187271.64	19780853.34	應付債券	67		
固定資產淨值	26	46776297.25	36480531.27	長期應付款	68		
固定資產清理	27		2960066.99	其他長期負債	69		
在建工程	28	21310260.81	2750996085	其中: 住房週轉金	70		
待處理固定資產淨損失	29						
固定資產合計	35	68085558.06	66980559.11				
無形及遞延資產				長期負債合計	76	12815000	12765000
無形資產	36	4053700	10417298.65	遞延稅項:			
遞延資產	37						
無形及遞延資產合計	40	4053700	10417298.65	遞延稅款貸項	77		
其他資產:							
其他長期資產	41						
遞延稅項:				所有者權益:			
遞延稅款借項	42			實收資本(股本)	78	73034406.31	73034406.31
				資本公積	79	59983294.69	59590182.86
				盈餘公積	80		290000
				未分配利潤	81	2982104.23	9756500.67
				所有者權益合計	85	13899980523	142671089.84
				負債及所有者權益		217268048.74	229682915.60
資產總計	45	217268048.74	229682915.6	總計	90		

二、診斷分析

企業債權人最關心什麼？企業的償債能力。企業債權人最擔心什麼？借給企業的本利能否按時收回。運用償債能力指標，可以揭示企業的財務風險。

企業的償債能力，靜態地講，就是用企業資產清償企業長、短期負債的能力；動態地講，就是用企業資產和經營過程中創造的收益償還長、短期債務的能力。企業有無支付現金的能力和償還債務的能力是企業能否健康生存和發展的關鍵。因此，企業有無償債能力，是投資者、債權人以及與企業相關的各方都非常關心的問題。企業的償債能力和企業的資金平衡、資金結構情況一起反映企業的財務狀況。因此，對企業償債能力的分析是企業財務分析最主要的內容之一。

企業的償債能力是企業債權人最為關心的。作為企業的債權人，最擔心的是借款本金能否收回以及能否得到利息、回報的問題。債權人無權與企業所有者分享利潤，也無權參與企業的經營管理，他只能期望企業按期還本付息。除此以外，債權人所擁有的惟一權利是在企業不能清償債務時要求其破產清算，用清算後的資產抵償其債務。即使如此，債權人在企業破產時也不能得到企業償還其全部債務的保證。因此，債權人要對企業的償債能力進行分析，以預測其債權資金能否按期收回，以便事先採取必要的措施。

大安銀行對華晨公司償債能力的考查主要側重於以下幾個指標：

1. 營運資本

營運資本是流動資產與流動負債平衡之後的結果，即營運資本＝流動資產－流動負債。足夠的營運資本可以使企業避免財務困難情況的發生，能正常地經營，也可以應付意外事件的發生。不足的營運資本可能會使企業無法支付當期負債與費用，無法發放股利，又不能購置新的固定資產或進行投資等。而過量的營運資本同樣可能使企業發生危機，導致利息或其他收入方面的損失、支付超額的股利、投資於不必要的計劃或不需要的固定資產。

例如，根據華晨公司 2001 年 12 月 31 日資產負債表上的有關數據，可得出該公司的營運資本指標，如表 31-2 所示。

表 31-2　華晨公司營運資本指標

	年初數	年末數
流動資產	136402806.68	142601390.70
減：流動負債	68453242.51	74246825.76
營運資本	67949563.17	68354564.94

2. 流動比率

流動比率反映企業運用流動資產變成現金償還流動負債的能力，即：流動比率＝流動資產/流動負債。流動比率高低反映企業承受流動資產貶值能力和償還中、短期債務能力的強弱。流動比率越高，表明企業流動資產佔用資金來源於結構性負債的就越多，企業投入生產經營的營運資本越多，企業償還債務的能力就越強。

就債權人來說，一旦企業無力支付到期債務，債權人可要求企業破產。流動比率越高，流動資產扣除變現損失後，債權人獲得破產企業全額清償債務的可能性就越大。例如速佳公司 1993 年底的

流動比率為 1.49，說明只要流動資產變現後貶值損失不超過 49%，短期債權人可通過流動資產變現收回借給速佳公司的全部款項。對企業經營者來說，流動比率應保持在合理水準。流動比率過低，說明企業償債能力不足；過高，說明貨幣資金閒置或資金佔用（存貨等）過多。過低或過高對企業來說都是不利的，一般認為，流動比率為 2 時比較合理。

根據華晨公司 2001 年 12 月 31 日資產負債表上有關數據，可以計算該公司流動比率指標：

年初：流動比率＝136402806.68/68453243.51＝1.993

年末：流動比率＝142601390.70/74246825.75＝1.921

3. 速動比率

速動比率是企業速動資產與流動負債之比。即：速動比率＝這一比率是假定存貨毫無價值或難以脫手兌換現金的情況下，企業可動用的流動資產抵付流動負債的能力。因為，存貨本身存在銷售以及壓價的風險，而速動資產可立即用於償還債務，所以，在檢驗企業應付清償債務的能力上，這一比率比流動比率更為有用。速動資產的變現能力較強，一般認為每 1 元的流動負債至少應有 1 元的速動資產來支付，因而理論上，速動比率以維持 1：1 為恰當。在實務中，速動比率與流動比率一樣，因各行業的特性不同而不同。有時候，一個企業的流動比率逐年提高，而速動比率卻逐年下降，這就表明其流動資產的增加是因存貨及待攤費用等不易變現，項目總額增加所造成的，其實際償債能力可能不但未曾好轉，反倒有惡化的可能。因此，速動比率測定企業的變現能力，比流動比率要好。

根據華晨公司 2001 年 12 月 31 日資產負債表上有關數據可以計算出該公司速動比率指標：

年初數：速動比率＝69863803.83/68453243.51＝102.06%
年末數：速動比率＝86859501.70/74846825.76＝117%

三、解決方案

在評價企業財務狀況時，通常認為流動比率大於 2 為好，速動比率大於 1 為好。實際上，對這兩個財務比率的分析應結合不同行業的特點、企業性質、企業流動資產結構以及各項流動資產的實際變現能力等因素，不可一概而論。

從分析過程中可以看出，華晨公司營運資本年末比年初有所增加，表明清償能力比去年有所增強；流動比率符合正常要求，表明企業的償債能力比較理想。華晨公司期末流動比率雖然比年初下降了 7.2%，但速動比率卻提高了 14.94%(117%——102.06%)，這主要是由於期末速動資產明顯增加，而佔用了存貨、預付費用等資金大幅度下降的緣故。這些指標都很好，說明了華晨公司有較高的償債能力，債權人的風險較小。因此，銀行應當提供貸款。

32

股利分配診斷

一、利潤分配流程的診斷

公司向股東分配利潤，應按照一定的流程進行。如果公司股東大會、董事會違反流程規定，在抵補虧損和提取法定盈餘公積金、公益金之前向股東分配利潤，必須將違反規定發放的利潤退還公司，財務診斷人員應提請公司注意遵守利潤分配的這些相關規定。

二、股利支付流程的診斷

股份有限公司向股東支付股利，前後要有一個過程。

公司應嚴格按照這一過程的前後順序來進行，否則會引起股票價格波動，股利分配不清，甚至會影響公司股票聲譽，對公司的籌資能力產生不利影響。

三、現金股利支付的診斷

1. 企業以長期借款協定、債券契約、優先股協議，以及租賃和約等形式向企業外部籌資時，常常應對方的要求，接受一些有關股

利支付的限制條件，其中只有當企業的贏利達到某一水準時才能發放現金股利，是這些限制條款的主要表現之一，財務診斷人員要瞭解公司是否存在這樣的限制條款。

2. 企業資金的靈活週轉是企業生產經營得以正常進行的必要條件，企業現金股利的分配自然也應以不危及企業經營上的流動性為前提。如果公司的資產有較強的變現能力，現金來源比較充裕，就可以採用現金股利的形式予以支付。但現實中一些公司有較大的當期或以前積累的利潤，資產的變現能力卻較差，若還要強行支付現金股利，就是一種不明智的選擇了。也就是說，企業的現金股利的支付能力，在很大程度上受限於資產變現力。

3. 較多地發放現金股利，有利於企業未來以較有利的條件發行新證券籌集資金，但這卻會使企業付出較高的留存贏利。這就要求在股利支付和籌資要求之間的利害得失進行合理的權衡，以制定出適合企業實際需要的股利政策。

4. 如果公司支付大量的現金股利，然後再發行新的普通股以融通所需資金，現有股東的控制權就有可能被稀釋。而且隨著新股的發行，流通在外的普通股股數增加，最終將導致普通股的每股股利和每股市價的下降，從而對現有股東產生不利影響。因此財務診斷人員應注意考察企業大量發放現金股利的目的何在，提請企業防止發生以上不良後果。

四、股票股利支付的診斷

1. 發放股票股利往往會向社會傳遞企業將繼續發展的資訊，從而提高投資者對公司的信心，在一定程度上可以起到穩定股票價

格的作用。但是在某些情況下，發放股票股利也會被認為是公司資金週轉不靈的徵兆，從而降低投資者對公司的信心，加劇股價下跌。財務診斷人員應與企業共同研究企業發放股票股利可能帶來的後果，爭取最好的股利分配效果。

2. 發放股票股利的費用比發放現金股利的費用要大，會增加公司的負擔，所以有必要權衡利弊，作出正確選擇。

心得欄

臺灣的核心競爭力, 就在這裏!

圖書出版目錄

　　下列圖書是由憲業企管顧問（集團）公司所出版，以專業立場，為企業界提供最專業的各種經營管理類圖書。

1. 傳播書香社會，直接向本出版社購買，一律 9 折優惠，郵遞費用由本公司負擔。服務電話(02) 27622241　(03) 9310960　　傳真 (03) 9310961
2. 付款方式：請將書款轉帳到我公司下列的銀行帳戶。

・銀行名稱：合作金庫銀行（敦南分行）　帳號：**5034-717-347447**

　公司名稱：憲業企管顧問有限公司

・郵局劃撥號碼：**18410591**　郵局劃撥戶名：憲業企管顧問公司

3. 圖書出版資料隨時更新，請見網站　**www.bookstore99.com**

經營顧問叢書

13	營業管理高手（上）	一套	72	傳銷致富	360 元
14	營業管理高手（下）	500 元	73	領導人才培訓遊戲	360 元
16	中國企業大勝敗	360 元	76	如何打造企業贏利模式	360 元
18	聯想電腦風雲錄	360 元	78	財務經理手冊	360 元
19	中國企業大競爭	360 元	79	財務診斷技巧	360 元
21	搶灘中國	360 元	80	內部控制實務	360 元
25	王永慶的經營管理	360 元	81	行銷管理制度化	360 元
26	松下幸之助經營技巧	360 元	82	財務管理制度化	360 元
32	企業併購技巧	360 元	83	人事管理制度化	360 元
33	新產品上市行銷案例	360 元	84	總務管理制度化	360 元
46	營業部門管理手冊	360 元	85	生產管理制度化	360 元
47	營業部門推銷技巧	390 元	86	企劃管理制度化	360 元
52	堅持一定成功	360 元	91	汽車販賣技巧大公開	360 元
56	對準目標	360 元	97	企業收款管理	360 元
58	大客戶行銷戰略	360 元	100	幹部決定執行力	360 元
60	寶潔品牌操作手冊	360 元	106	提升領導力培訓遊戲	360 元

112	員工招聘技巧	360 元	184	找方法解決問題	360 元
113	員工績效考核技巧	360 元	185	不景氣時期，如何降低成本	360 元
114	職位分析與工作設計	360 元	186	營業管理疑難雜症與對策	360 元
116	新產品開發與銷售	400 元	187	廠商掌握零售賣場的竅門	360 元
122	熱愛工作	360 元	188	推銷之神傳世技巧	360 元
124	客戶無法拒絕的成交技巧	360 元	189	企業經營案例解析	360 元
125	部門經營計劃工作	360 元	191	豐田汽車管理模式	360 元
129	邁克爾·波特的戰略智慧	360 元	192	企業執行力（技巧篇）	360 元
130	如何制定企業經營戰略	360 元	193	領導魅力	360 元
132	有效解決問題的溝通技巧	360 元	198	銷售說服技巧	360 元
135	成敗關鍵的談判技巧	360 元	199	促銷工具疑難雜症與對策	360 元
137	生產部門、行銷部門績效考核手冊	360 元	200	如何推動目標管理（第三版）	390 元
138	管理部門績效考核手冊	360 元	201	網路行銷技巧	360 元
139	行銷機能診斷	360 元	202	企業併購案例精華	360 元
140	企業如何節流	360 元	204	客戶服務部工作流程	360 元
141	責任	360 元	206	如何鞏固客戶（增訂二版）	360 元
142	企業接棒人	360 元	208	經濟大崩潰	360 元
144	企業的外包操作管理	360 元	209	鋪貨管理技巧	360 元
146	主管階層績效考核手冊	360 元	210	商業計劃書撰寫實務	360 元
147	六步打造績效考核體系	360 元	212	客戶抱怨處理手冊(增訂二版)	360 元
148	六步打造培訓體系	360 元	214	售後服務處理手冊（增訂三版）	360 元
149	展覽會行銷技巧	360 元	215	行銷計劃書的撰寫與執行	360 元
150	企業流程管理技巧	360 元	216	內部控制實務與案例	360 元
152	向西點軍校學管理	360 元	217	透視財務分析內幕	360 元
154	領導你的成功團隊	360 元	219	總經理如何管理公司	360 元
155	頂尖傳銷術	360 元	222	確保新產品銷售成功	360 元
156	傳銷話術的奧妙	360 元	223	品牌成功關鍵步驟	360 元
160	各部門編制預算工作	360 元	224	客戶服務部門績效量化指標	360 元
163	只為成功找方法，不為失敗找藉口	360 元	226	商業網站成功密碼	360 元
167	網路商店管理手冊	360 元	228	經營分析	360 元
168	生氣不如爭氣	360 元	229	產品經理手冊	360 元
170	模仿就能成功	350 元	230	診斷改善你的企業	360 元
171	行銷部流程規範化管理	360 元	231	經銷商管理手冊（增訂三版）	360 元
172	生產部流程規範化管理	360 元	232	電子郵件成功技巧	360 元
174	行政部流程規範化管理	360 元	233	喬·吉拉德銷售成功術	360 元
176	每天進步一點點	350 元	234	銷售通路管理實務〈增訂二版〉	360 元
181	速度是贏利關鍵	360 元	235	求職面試一定成功	360 元
183	如何識別人才	360 元	236	客戶管理操作實務〈增訂二版〉	360 元
			237	總經理如何領導成功團隊	360 元

238	總經理如何熟悉財務控制	360 元
239	總經理如何靈活調動資金	360 元
240	有趣的生活經濟學	360 元
241	業務員經營轄區市場（增訂二版）	360 元
242	搜索引擎行銷	360 元
243	如何推動利潤中心制度（增訂二版）	360 元
244	經營智慧	360 元
245	企業危機應對實戰技巧	360 元
246	行銷總監工作指引	360 元
247	行銷總監實戰案例	360 元
248	企業戰略執行手冊	360 元
249	大客戶搖錢樹	360 元
250	企業經營計劃〈增訂二版〉	360 元
251	績效考核手冊	360 元
252	營業管理實務（增訂二版）	360 元
253	銷售部門績效考核量化指標	360 元
254	員工招聘操作手冊	360 元
255	總務部門重點工作（增訂二版）	360 元
256	有效溝通技巧	360 元
257	會議手冊	360 元
258	如何處理員工離職問題	360 元
259	提高工作效率	360 元
261	員工招聘性向測試方法	360 元
262	解決問題	360 元
263	微利時代制勝法寶	360 元
264	如何拿到 VC（風險投資）的錢	360 元
265	如何撰寫職位說明書	360 元
267	促銷管理實務〈增訂五版〉	360 元
268	顧客情報管理技巧	360 元
269	如何改善企業組織績效〈增訂二版〉	360 元
270	低調才是大智慧	360 元
272	主管必備的授權技巧	360 元
274	人力資源部流程規範化管理（增訂三版）	360 元
275	主管如何激勵部屬	360 元
276	輕鬆擁有幽默口才	360 元

277	各部門年度計劃工作（增訂二版）	360 元
278	面試主考官工作實務	360 元
279	總經理重點工作（增訂二版）	360 元
282	如何提高市場佔有率（增訂二版）	360 元
283	財務部流程規範化管理（增訂二版）	360 元
284	時間管理手冊	360 元
285	人事經理操作手冊（增訂二版）	360 元
286	贏得競爭優勢的模仿戰略	360 元
287	電話推銷培訓教材（增訂三版）	360 元
288	贏在細節管理（增訂二版）	360 元
289	企業識別系統 CIS（增訂二版）	360 元
290	部門主管手冊（增訂五版）	360 元
291	財務查帳技巧（增訂二版）	360 元
292	商業簡報技巧	360 元
293	業務員疑難雜症與對策（增訂二版）	360 元
294	內部控制規範手冊	360 元
295	哈佛領導力課程	360 元
296	如何診斷企業財務狀況	360 元

《商店叢書》

10	賣場管理	360 元
18	店員推銷技巧	360 元
29	店員工作規範	360 元
30	特許連鎖業經營技巧	360 元
35	商店標準操作流程	360 元
36	商店導購口才專業培訓	360 元
37	速食店操作手冊〈增訂二版〉	360 元
38	網路商店創業手冊〈增訂二版〉	360 元
40	商店診斷實務	360 元
41	店鋪商品管理手冊	360 元
42	店員操作手冊（增訂三版）	360 元
43	如何撰寫連鎖業營運手冊〈增訂二版〉	360 元

44	店長如何提升業績〈增訂二版〉	360 元
45	向肯德基學習連鎖經營〈增訂二版〉	360 元
46	連鎖店督導師手冊	360 元
47	賣場如何經營會員制俱樂部	360 元
48	賣場銷量神奇交叉分析	360 元
49	商場促銷法寶	360 元
50	連鎖店操作手冊（增訂四版）	360 元
51	開店創業手冊〈增訂三版〉	360 元
52	店長操作手冊（增訂五版）	360 元
53	餐飲業工作規範	360 元
54	有效的店員銷售技巧	360 元
55	如何開創連鎖體系〈增訂三版〉	360 元
56	開一家穩賺不賠的網路商店	360 元
57	連鎖業開店複製流程	360 元

《工廠叢書》

5	品質管理標準流程	380 元
9	ISO 9000 管理實戰案例	380 元
10	生產管理制度化	360 元
11	ISO 認證必備手冊	380 元
12	生產設備管理	380 元
13	品管員操作手冊	380 元
15	工廠設備維護手冊	380 元
16	品管圈活動指南	380 元
17	品管圈推動實務	380 元
20	如何推動提案制度	380 元
24	六西格瑪管理手冊	380 元
30	生產績效診斷與評估	380 元
32	如何藉助 IE 提升業績	380 元
35	目視管理案例大全	380 元
38	目視管理操作技巧(增訂二版)	380 元
46	降低生產成本	380 元
47	物流配送績效管理	380 元
49	6S 管理必備手冊	380 元
51	透視流程改善技巧	380 元
55	企業標準化的創建與推動	380 元
56	精細化生產管理	380 元
57	品質管制手法〈增訂二版〉	380 元

58	如何改善生產績效〈增訂二版〉	380 元
63	生產主管操作手冊(增訂四版)	380 元
64	生產現場管理實戰案例〈增訂二版〉	380 元
65	如何推動 5S 管理（增訂四版）	380 元
67	生產訂單管理步驟〈增訂二版〉	380 元
68	打造一流的生產作業廠區	380 元
70	如何控制不良品〈增訂二版〉	380 元
71	全面消除生產浪費	380 元
72	現場工程改善應用手冊	380 元
75	生產計劃的規劃與執行	380 元
77	確保新產品開發成功〈增訂四版〉	380 元
78	商品管理流程控制(增訂三版)	380 元
79	6S 管理運作技巧	380 元
80	工廠管理標準作業流程〈增訂二版〉	380 元
81	部門績效考核的量化管理（增訂五版）	380 元
82	採購管理實務〈增訂五版〉	380 元
83	品管部經理操作規範〈增訂二版〉	380 元
84	供應商管理手冊	380 元
85	採購管理工作細則〈增訂二版〉	380 元
86	如何管理倉庫（增訂七版）	380 元
87	物料管理控制實務〈增訂二版〉	380 元
88	豐田現場管理技巧	380 元

《醫學保健叢書》

1	9 週加強免疫能力	320 元
3	如何克服失眠	320 元
4	美麗肌膚有妙方	320 元
5	減肥瘦身一定成功	360 元
6	輕鬆懷孕手冊	360 元
7	育兒保健手冊	360 元
8	輕鬆坐月子	360 元
11	排毒養生方法	360 元
12	淨化血液　強化血管	360 元
13	排除體內毒素	360 元

14	排除便秘困擾	360 元
15	維生素保健全書	360 元
16	腎臟病患者的治療與保健	360 元
17	肝病患者的治療與保健	360 元
18	糖尿病患者的治療與保健	360 元
19	高血壓患者的治療與保健	360 元
22	給老爸老媽的保健全書	360 元
23	如何降低高血壓	360 元
24	如何治療糖尿病	360 元
25	如何降低膽固醇	360 元
26	人體器官使用說明書	360 元
27	這樣喝水最健康	360 元
28	輕鬆排毒方法	360 元
29	中醫養生手冊	360 元
30	孕婦手冊	360 元
31	育兒手冊	360 元
32	幾千年的中醫養生方法	360 元
34	糖尿病治療全書	360 元
35	活到 120 歲的飲食方法	360 元
36	7 天克服便秘	360 元
37	為長壽做準備	360 元
39	拒絕三高有方法	360 元
40	一定要懷孕	360 元
41	提高免疫力可抵抗癌症	360 元
42	生男生女有技巧〈增訂三版〉	360 元

《培訓叢書》

11	培訓師的現場培訓技巧	360 元
12	培訓師的演講技巧	360 元
14	解決問題能力的培訓技巧	360 元
15	戶外培訓活動實施技巧	360 元
16	提升團隊精神的培訓遊戲	360 元
17	針對部門主管的培訓遊戲	360 元
18	培訓師手冊	360 元
20	銷售部門培訓遊戲	360 元
21	培訓部門經理操作手冊（增訂三版）	360 元
22	企業培訓活動的破冰遊戲	360 元
23	培訓部門流程規範化管理	360 元
24	領導技巧培訓遊戲	360 元
25	企業培訓遊戲大全(增訂三版)	360 元

26	提升服務品質培訓遊戲	360 元
27	執行能力培訓遊戲	360 元
28	企業如何培訓內部講師	360 元

《傳銷叢書》

4	傳銷致富	360 元
5	傳銷培訓課程	360 元
7	快速建立傳銷團隊	360 元
10	頂尖傳銷術	360 元
11	傳銷話術的奧妙	360 元
12	現在輪到你成功	350 元
13	鑽石傳銷商培訓手冊	350 元
14	傳銷皇帝的激勵技巧	360 元
15	傳銷皇帝的溝通技巧	360 元
17	傳銷領袖	360 元
18	傳銷成功技巧（增訂四版）	360 元
19	傳銷分享會運作範例	360 元

《幼兒培育叢書》

1	如何培育傑出子女	360 元
2	培育財富子女	360 元
3	如何激發孩子的學習潛能	360 元
4	鼓勵孩子	360 元
5	別溺愛孩子	360 元
6	孩子考第一名	360 元
7	父母要如何與孩子溝通	360 元
8	父母要如何培養孩子的好習慣	360 元
9	父母要如何激發孩子學習潛能	360 元
10	如何讓孩子變得堅強自信	360 元

《成功叢書》

1	猶太富翁經商智慧	360 元
2	致富鑽石法則	360 元
3	發現財富密碼	360 元

《企業傳記叢書》

1	零售巨人沃爾瑪	360 元
2	大型企業失敗啟示錄	360 元
3	企業併購始祖洛克菲勒	360 元
4	透視戴爾經營技巧	360 元
5	亞馬遜網路書店傳奇	360 元
6	動物智慧的企業競爭啟示	320 元
7	CEO 拯救企業	360 元
8	世界首富　宜家王國	360 元

9	航空巨人波音傳奇	360 元
10	傳媒併購大亨	360 元

《智慧叢書》

1	禪的智慧	360 元
2	生活禪	360 元
3	易經的智慧	360 元
4	禪的管理大智慧	360 元
5	改變命運的人生智慧	360 元
6	如何吸取中庸智慧	360 元
7	如何吸取老子智慧	360 元
8	如何吸取易經智慧	360 元
9	經濟大崩潰	360 元
10	有趣的生活經濟學	360 元
11	低調才是大智慧	360 元

《DIY 叢書》

1	居家節約竅門 DIY	360 元
2	愛護汽車 DIY	360 元
3	現代居家風水 DIY	360 元
4	居家收納整理 DIY	360 元
5	廚房竅門 DIY	360 元
6	家庭裝修 DIY	360 元
7	省油大作戰	360 元

《財務管理叢書》

1	如何編制部門年度預算	360 元
2	財務查帳技巧	360 元
3	財務經理手冊	360 元
4	財務診斷技巧	360 元
5	內部控制實務	360 元
6	財務管理制度化	360 元
8	財務部流程規範化管理	360 元
9	如何推動利潤中心制度	360 元

為方便讀者選購，本公司將一部分上述圖書又加以專門分類如下：

《企業制度叢書》

1	行銷管理制度化	360 元
2	財務管理制度化	360 元
3	人事管理制度化	360 元
4	總務管理制度化	360 元
5	生產管理制度化	360 元
6	企劃管理制度化	360 元

《主管叢書》

1	部門主管手冊（增訂五版）	360 元
2	總經理行動手冊	360 元
4	生產主管操作手冊	380 元
5	店長操作手冊（增訂五版）	360 元
6	財務經理手冊	360 元
7	人事經理操作手冊	360 元
8	行銷總監工作指引	360 元
9	行銷總監實戰案例	360 元

《總經理叢書》

1	總經理如何經營公司(增訂二版)	360 元
2	總經理如何管理公司	360 元
3	總經理如何領導成功團隊	360 元
4	總經理如何熟悉財務控制	360 元
5	總經理如何靈活調動資金	360 元

《人事管理叢書》

1	人事經理操作手冊	360 元
2	員工招聘操作手冊	360 元
3	員工招聘性向測試方法	360 元
4	職位分析與工作設計	360 元
5	總務部門重點工作	360 元
6	如何識別人才	360 元
7	如何處理員工離職問題	360 元
8	人力資源部流程規範化管理（增訂三版）	360 元
9	面試主考官工作實務	360 元
10	主管如何激勵部屬	360 元
11	主管必備的授權技巧	360 元
12	部門主管手冊（增訂五版）	360 元

《理財叢書》

1	巴菲特股票投資忠告	360 元
2	受益一生的投資理財	360 元
3	終身理財計劃	360 元
4	如何投資黃金	360 元
5	巴菲特投資必贏技巧	360 元
6	投資基金賺錢方法	360 元
7	索羅斯的基金投資必贏忠告	360 元
8	巴菲特為何投資比亞迪	360 元

《網路行銷叢書》

1	網路商店創業手冊〈增訂二版〉	360 元
2	網路商店管理手冊	360 元
3	網路行銷技巧	360 元
4	商業網站成功密碼	360 元
5	電子郵件成功技巧	360 元
6	搜索引擎行銷	360 元

《企業計劃叢書》

1	企業經營計劃〈增訂二版〉	360 元
2	各部門年度計劃工作	360 元
3	各部門編制預算工作	360 元
4	經營分析	360 元
5	企業戰略執行手冊	360 元

《經濟叢書》

1	經濟大崩潰	360 元
2	石油戰爭揭秘(即將出版)	

在大陸的………
台 灣 上 班 族

　　愈來愈多的台灣上班族,到大陸工作(或出差),對工作的努力與敬業,是台灣上班族的核心競爭力;一個明顯的例子,返台休假期間,台灣上班族都會抽空再買書,設法充實自身專業能力。

　　[憲業企管顧問公司]以專業立場,為企業界提供最專業的各種經營管理類圖書。

　　85%的台灣上班族都曾經有過購買(或閱讀)[憲業企管顧問公司]所出版的各種企管圖書。

　　建議你:工作之餘要多看書,加強競爭力。

建立企業圖書館

當市場競爭激烈時：

培訓員工，強化員工競爭力
是企業最佳對策

「人才」是企業最大的財富。如何提升人才，是企業永續經營、戰勝對手的核心競爭力。積極培訓公司內部員工，是經濟不景氣時期的最佳戰略，而最快速的具體作法，就是「建立企業內部圖書館，鼓勵員工多閱讀、多進修專業書籍」

建議您：請一次購足本公司所出版各種經營管理類圖書，作為貴公司內部員工培訓圖書。 使用率高的（例如「贏在細節管理」），準備 3 本；使用率低的（例如「工廠設備維護手冊」），只買 1 本。

經營顧問叢書 ㉖   售價：360 元

如何診斷企業財務狀況

西元二〇一四年一月   初版一刷

編輯指導：黃憲仁

編著：李得財　許中信

策劃：麥可國際出版有限公司（新加坡）

編輯：蕭玲

校對：劉飛娟

發行人：黃憲仁

發行所：憲業企管顧問有限公司

電話：（02）2762-2241　　（03）9310960　　0930872873

電子郵件聯絡信箱：huang2838@yahoo.com.tw

銀行 ATM 轉帳：合作金庫銀行　　帳號：5034-717-347447

郵政劃撥：18410591　　憲業企管顧問有限公司

江祖平律師顧問：紙品書、數位書著作權與版權均歸本公司所有

登記證：行政業新聞局版台業字第 6380 號

本公司徵求海外版權出版代理商（0930872873）

本圖書是由憲業企管顧問（集團）公司所出版，以專業立場，為企業界提供最專業的各種經營管理類圖書。

圖書編號 ISBN：978-986-6084-87-4